◎ 赵永聚　张 健　潘 晓　主编

规模化生态养羊技术问答

中国农业科学技术出版社

图书在版编目（CIP）数据

规模化生态养羊技术问答 / 赵永聚，张健，潘晓主编 .—北京 ：中国农业科学技术出版社，2019. 5

ISBN 978-7-5116-4054-3

Ⅰ. ①规…　Ⅱ. ①赵…②张…③潘…　Ⅲ. ①肉用羊-饲养管理-问题解答　Ⅳ. ①S826. 9-44

中国版本图书馆 CIP 数据核字（2019）第 028652 号

责任编辑　张国锋
责任校对　贾海霞

出 版 者　中国农业科学技术出版社
北京市中关村南大街 12 号　邮编：100081
电　　话　(010)82106636(编辑室)　(010)82109702(发行部)
(010)82109709(读者服务部)
传　　真　(010)82106631
网　　址　http://www.castp.cn
经 销 者　各地新华书店
印 刷 者　北京富泰印刷有限责任公司
开　　本　880mm×1 230mm　1/32
印　　张　5. 5
字　　数　200 千字
版　　次　2019 年 5 月第 1 版　2019 年 5 月第 1 次印刷
定　　价　29. 80 元

《规模化生态养羊技术问答》
编写人员名单

主　　编：赵永聚　张　健　潘　晓

副 主 编：范景胜　方仁东　邱常兵　胡永慧

参编人员：赵中权　王自力　杨　游　范成莉
毛建文　王　燕　谭晓山　赵　乐
杨永恒　沈贵平　张继攀　李佳璐
王　攀　张　鹏　吴　霞　孙小青
唐禄红　刘　洪　徐远东　王　琳
王冲莉　李　潇　余中奎

前　　言

随着现代化建设的不断发展，我国农业和农村经济正在发生新的阶段性变化。而以市场为导向，推进农业和农村经济的战略性调整，全面提高农民的素质和农村生产的效益，为农民增收开辟新的途径，精准脱贫业已成为各级政府重点主抓的一项工作。多年的实践证明，要进一步发展农村经济建设，提高农业生产力水平，使农民脱贫致富奔小康，必须走依靠科技致富之路。特别是养殖业，需从传统养殖开发、生产和经营模式向现代高科技养殖开发、生产和经营模式转化，向规模化生态养殖转化，逐步实现农业科技革命。

为进一步落实新农村建设的方针政策，拟精心打造畜禽规模化生态养殖关键技术图书，包括《规模化生态养羊技术问答》《肉兔规模化生态养殖技术问答》《肉牛规模化生态养殖技术问答》3 册等。

本套图书在内容上，突出实用性，包括实用的技术理论及常见的问题，以传播农村致富技术为主要目标；在形式上，以问答形式形象直观地展现图书内容，使读者易懂易学。本套图书直接面向农村、农业基层，本着让农民买得起、看得会、用得上的原则，使广大农民从中受益。

编者

2019 年 1 月

目　录

第一章 概 述

第一节 我国养羊业概况

1. 我国发展养羊产业有哪些有利条件?

(1) 我国养羊业的历史悠久，绵羊、山羊品种资源丰富，羊的数量占世界第一位。我国养羊业，历史悠久、经验丰富，具有较好的生产技术条件。列入《中国畜禽遗传资源志-羊志》。我国绵羊、山羊遗传资源丰富，其中现有绵羊品种 74 个，山羊品种 70 个，这些都为我国现阶段的养羊业奠定了重要的基础。

(2) 我国天然草原面积近 4 亿 hm^2*，约占国土面积的 40%，仅次于澳大利亚，居世界第二位。面积辽阔的草原为我国养羊业的发展提供了必要的基础，而且近几年，中央实施草原禁牧、草畜平衡、牧草良种补贴、牧民生产资料综合补贴等政策，有力地保证了草原生态与生产能力的恢复。

(3) 我国能够为养羊业的发展提供丰富的农副产品资源。我国是玉米种植大国，2008—2015 年，国内玉米播种面积由 4.88 亿亩增长至 5.72 亿亩，加上丰富的农作物秸秆及饼粕资源，将其用于养羊业潜力巨大。

---

* 1 亩约为 $667m^2$，$1hm^2$ 等于 15 亩

2. 我国养羊业发展的现状和潜力如何?

（1）生产水平稳步提升。羊存栏量、出栏量、羊肉产量均在一定程度上有所增加。据国家统计局数据得知，2016 年，我国羊存栏量 3.01 亿只，出栏量 3.06 亿只，羊肉产量 459.0 万吨。

（2）良种繁育体系初步建立。据《中国畜牧兽医年鉴 2015》，截至 2014 年年底，全国共有种羊场1 730个，其中绵羊种羊场 814 个，存栏种羊 250.20 万只；山羊种羊场 916 个，存栏种羊 82.40 万只；种公羊站 203 个，存栏种羊 3 320只；国家级羊资源保种场 20 个、保护区 4 个。同时为了加快肉羊遗传改良进程，促进肉羊产业持续健康发展，原农业部还制定了《全国肉羊遗传改良计划（2015—2025）》。

（3）生产以散养为主，规模化程度不断提高。近几年，饲养方式逐渐由落后、管理粗放向规模化、机械化和智能化方向等实现转变，规模化养殖比重有所增加，但是小规模养殖仍占主体。

（4）产业扶持力度不断提升。"十二五"期间，国家对草食畜牧业发展高度重视，产业支持种类、范围不断扩大，例如其在养殖补贴、税收优惠等方面的政策。2017 年中央一号文件精神，明确突出"稳粮、优经、扩饲"，而为了贯彻中央一号文件精神，原农业部还制定了《粮改饲工作实施方案》《2017 年推进北方农牧交错带农业结构调整工作方案》等方案，而这些与养羊业的发展是紧密结合在一起的。

（5）消费方式呈新特征，消费量逐渐上升。羊肉的消费逐渐由季节性、区域性、节日性消费转变为全年性、全国性、日常性消费。随着经济和社会的不断发展，人们的消费更加健康，其羊肉本身所具有的高蛋白、低脂肪、低胆固醇等特点，使得羊肉的消费量逐年提高。随着互联网的发展，网购也逐渐成为羊肉消费的另外一种新特点。

（6）进口量及对外依存度保持高位。我国是一个羊肉生产大国、消费大国和进口大国。据中国海关数据，2010 年我国进口羊肉 56 968t、进口额 5 674万美元，2016 年我国进口羊肉220 063t、进口额54 561万美元，较2010年分别增长2.9倍和2.5倍。同时我国羊肉对外依存度始终较高。

3. 我国养羊产业发展存在哪些问题?

（1）良种化程度低，生产力水平不高。尽管我国在羊的选育方面做了大量的工作，但时至今日，我国养羊产业中的良种化程度依然不高。

（2）良种繁育体系问题突出。尽管我国在羊的遗传改良工作中取得了较大的成绩，但是良种繁育体系问题仍旧十分突出。选育和杂交利用工作缺乏有效的规划与指导，种羊场育种硬件条件差，良种繁育体系不健全，地方品种的优良特性没有被有效挖掘等。

（3）小规模养殖仍占主体，其产品质量、安全存在隐患。以散养为基础的传统畜牧业生产标准不统一，管理水平参差不齐，这种生产方式既给重大疫病防制和畜产品质量安全的提高带来巨大隐患，也严重影响着绵、山羊良种技术和动物营养等先进羊生产技术的推广普及。

（4）进口羊肉对国内市场有一定的冲击，而且有加剧趋势。由于近几年贸易自由化进程不断提高，国外低价且质优的进口羊肉对我国羊产业也造成了重大影响。

4. 目前我国养羊产业发展的基本策略有哪些?

（1）促进绵、山羊遗传资源的利用和遗传改良，加快提高良种化水平。

（2）改善饲养管理，提高劳动生产率。

（3）建立和建设好有一定规模的生产基地，优先达到现代化要求。

（4）加强科研工作，将高新技术、科研新成果推广使用。

（5）加强草原建设。

（6）因地制宜发展不同用途的绵、山羊品种。

（7）完善流通体制和综合服务体系。

第二节　规模化生态养羊概述

1. 什么是生态养羊?

生态养殖是指运用生态学原理，保护生物多样性与稳定性，合理利用多种资源，以取得最佳的生态效益和经济效益的养殖方式。而所谓的生态养羊就是科学合理利用山场、草原、滩涂草地和林地草场等天然资源，或者运用仿生态技术措施，改善养殖生态环境，按照特定的养殖模式进行养殖，投放无公害饲料，目标是生产出无公害绿色羊产品。生态养羊一般要利用自然界物质循环系统，在一定的养殖空间和区域内，通过相应的技术和管理措施，使不同生物在同一环境中共同生长，实现保持生态平衡、提高养羊效益的目的。

生态养羊主要分为两种类型，分别是原生态养羊和现代仿生态养羊。

原生态养羊是让羊群在自然生态环境中按照自身原有的生长发育规律自然地生长，而不是人为地制造生长环境和用促生长剂让其违反自身原有的生长发育规律快速生长。相对于养殖方式来说，采用集约化、工厂化养殖方式可以充分利用养殖空间，在较短的时间内饲养出栏大量的商品羊，以满足市场对羊产品的量的需求，从而获得较高的利益。但由于家畜是生活在人造的环境中，采食添加有促生长剂在内的配合饲料，因此，尽管生长快，产量高，但其产品品质、口感均差。而采用放牧或散养方式并且不喂全价配合饲料的养殖，因为是在自然的生态环境下自然地生长，所以生长慢、产量低，但其产品品质与口感均优于前者养殖方式饲养。现代仿生态养羊是有别于农村一家一户散养和集约化、工厂化养殖的一种养殖方式，它既有散养的特点——羊产品品质高、口感好，也有集约化养殖的特点——饲养量大、生长相对较快、经济效益高。

2. 规模化生态养羊有哪些特点?

(1) 羊群的生活环境是天然山场、草原等，并且合理的养殖可以改善环境。

(2) 经营规模较大集约化养殖。

(3) 专业化强，技术含量高。

(4) 羊产品绿色无公害，品质高，生产效益高。

3. 发展生态养羊有哪些途径?

(1) 充分利用自然资源发展生态养殖。羔羊过了哺乳期，就可以逐步将其放入山林、草地或高秸秆作物地里，让羊自由采食青草、野菜、草籽。这种放牧的饲养方式好处甚多：一是减少了饲喂量，可以节省大量粮食；二是能有效清除大田害虫和杂草，达到生物除害的功效，减少人们的劳动强度和大田药物的投入；三是能增强机体的抵抗力，激活免疫调节机制，羊得病少，节约兽药的资金投入；四是能大幅度提高肉、奶的品质。

(2) 利用活菌制剂发展生态养殖。规模化舍饲生态养殖过程中，可利用活菌制剂，也叫微生物制剂，其中有益菌可在动物肠道内大量繁殖，使病原菌受到抑制而难以生存，促进动物的生长发育。更有积极意义的是，有益菌在肠道内还可产生多种消化酶，从而可以降低粪便中吲哚、硫化氢等有害气体的浓度，使氨浓度降低70%以上，起到生物除臭的作用，对改善养殖环境十分有利。

(3) 农牧结合发展生态养殖。羊场粪污“资源化利用”模式，不仅符合畜牧业发展实际，而且也能取得种植业和养殖业协调发展的“双赢”。采取农牧结合的生态养殖模式，不仅实现了养殖排泄物的零排放，而且改善了土地的肥力，更重要的是大大改善了养殖的生态条件。羊群在污染少、空气好、隔离条件好的山场里生长，发病率、死亡率明显下降，羊的生产性能也得到提高。

4. 规模化生态养羊的作用与意义有哪些?

(1) 社会主义新农村建设的要求，农民增收的需要。农民增收是我国一项长期的战略任务，加强农村生态环境建设，提高农民生活水平，是建设社会主义新农村的重要内容。实施生态家园富民行动，要按照“减量化、再利用、资源化”的循环经济理念，以农村废弃物资源循环利用为切入点，大力推进资源节约型、环境友好型和循环利用型农业发展，实现家居环境清洁化、农业生产无害化和资源利用高效化。社会主义新农村建设也要求养羊要走环保、节约、高效的可持续生态养殖方式。目前，全国上下正在进行精准扶贫攻坚战，而养羊产业成为了发展产业经济，脱贫致富的首选。

（2）有利于保持农业生态系统良性循环，缓解人畜争粮的矛盾。我国是一个人多地少的国家，因此合理建设和利用草地，通过种植优质饲草养羊，可以有效缓解我国饲粮不足和人畜争粮的矛盾。

（3）有利于我国农业产业结构的调整。衡量一个国家农业发达程度主要看两个方面：一是畜牧总产值在农业总产值中的比重；二是草食家畜产值在畜牧总产值中的比重。畜牧总产值在农业总产值中的比重越大，农业越发达。当前畜牧业结构调整的核心问题是草食家畜的优先发展问题，大力发展草牧业正是解决问题的有效途径。

（4）有助于改善生态环境。牧草生态适应性广，生命力顽强，枝叶繁茂，根系发达，有些牧草的根茎能覆盖地面，可以减少雨水冲刷、风沙和风蚀，防止水土流失和沙尘暴，有助于改善生态环境。

（5）有利于改变季节性畜牧业，提高养羊业的集约化水平。受传统养羊业全年草地放牧的方式和天然草原季节性生产的影响，养羊仍然呈现“夏饱、秋肥、冬瘦、秋乏”的季节性波动现象。要解决这一问题只有通过种植饲草，建立饲草生产体系，进行集约化生产，从而保护草牧业生态、高产、优质、稳定和可持续的发展。

第二章 生态环境与养羊生产

第一节 养羊生产与生态环境

1. 为什么说养羊业不是破坏生态环境的罪魁祸首?

近几年来，我国西北、华北等部分地区频繁发生大面积的扬沙、浮尘和沙尘暴天气，给广大人民群众正常的生产和生活带来严重的危害和损失，引起了中央有关部门和社会各界的高度重视和密切关注。有相当一部分人认为，造成此现象的罪魁祸首是山羊。什么山羊“吃草刨根，破坏草场”，山羊“啃食林木幼枝嫩叶，破坏植树造林”，昔日“风吹草低见牛羊”的内蒙古大草原，今日变成“老鹰吓死地鼠无处藏”的沙荒，正是山羊的“功绩”。甚至有人提出杀掉山羊，保卫北京。

大量研究资料证明，形成沙尘暴天气除现阶段人类无法改变的气候因素外，最根本的原因是我国土地严重的荒漠化。虽然在我国北方地区，有绒山羊加剧草地荒漠化进程，恶化了本来已经很脆弱的生态环境的客观事实。但是，要特别指出的是：羊是人饲养的，也是人管理的，羊养得太多，造成超载过牧，罪过应该算在养羊管理者身上，责任在人，而不在羊。如果硬把羊当成“替罪羊”，对羊是不公正的，也是不客观的。

2. 如何实现养羊业与生态环境的协调和谐发展?

要实现养羊业与生态环境的协调和谐发展，一是坚决实行“以草定畜”的基本原则，有多少草，养多少畜，坚决反对不顾客观实际，盲目追求数量，造成超载过牧、破坏草场植被，进而破坏生态环境的短视行为；二是压缩养羊数量，提高良种化程度，减少饲草饲料的压力；三是改变饲养管理方式，实行放牧加补饲相结合的饲养方法，不提倡全舍饲；四是改善生存条件，或进行生态移民。

第二节　养羊生产与生态因子

1. 什么是生态因子?

生态因子指对生物有影响的各种环境因子，常直接作用于个体和群体，主要影响个体生存和繁殖、种群分布和数量、群落结构和功能等。各个生态因子不仅本身起作用，而且相互发生作用，既受周围其他因子的影响，反过来又影响其他因子。

2. 生态因子有哪些分类?

生态因子的类型多种多样，分类方法也不统一。简单、传统的方法是把生态因子分为自然生态因素和社会生态因素，自然生态因素包括物理因素（光辐射、气温、降水量与湿度等）、化学因素、生物因素（细菌、病毒、寄生虫等）。

3. 影响养羊生产的主要生态因子有哪些?

气温、降水和空气湿度、光照、风、海拔高度、地形及土壤、季节等。

4. 温度与发展养羊生产有什么关系?

在自然因素中，温度是影响养羊最大的生态因子，直接或间接地影响绵、山羊的生长、发育、形态、生活状况、生存、行为、生产力以及绵、山羊的分布等。如温度升高，羊的采食行为和采食量随之下降，甚至停止采食；公羊出现不育现象，母羊受胎和妊娠也会受到影响。此外，温度也影响牧草、饲料作物的萌发、生长发育和产量，进而间接影响养羊业。

5. 湿度与发展养羊生产有什么关系?

羊具有喜温暖怕潮湿的特点。高湿不仅不利于羊的生长发育，会导致生产性能下降，且在高湿的情况下，由于细菌分解羊粪和饲料等而产生大量的氨气、硫化氢等有害气体。加上在高湿的环境条件下，羊舍内不断分解有害气体，致使舍内有害气体的浓度不断增高，以致空气中的氧气含量相对减少，因此饲养于此环境条件下的羊群极易感染呼吸系统疾病，如感冒、咳嗽、哮喘、气管炎、肺炎、肺水肿等。同时，有害气体过度吸入，导致血液浓度过高，还会引起羊发生中毒、心率衰竭等全身性疾病。此外，在高湿的环境中，容易引起饲料、垫料受潮发霉，霉菌旺盛繁殖并产生大量毒素。羊采食发霉变质的饲料后，轻者会引起腹泻下痢，重者会导致曲霉菌病、霉菌毒素中毒。一般情况下，较干燥的大气环境对于羊的健康较为有利。

6. 光照与发展养羊生产有什么关系?

光照对羊的繁殖有明显的影响，在自然条件下，一般公羊精液的质量在长日照变为短日照时最高。如果人为地增加秋季光照量，能使公羊性活动及精液质量发生改变。母羊的性活动也受日照长短的影响，配种季节通常是在白昼逐渐变短时开始。如湖羊具有一年四季发情的特点，但是，其发情、排卵数还是在日照时数由长变短的秋季最高。

7. 不同海拔高度对发展养羊生产有什么作用和影响?

海拔高度对养羊的生态作用，首先，影响羊品种的分布，湖羊的海拔高度是小于 20m，蒙古羊分布在 700~1 700m，甘肃高山细毛羊 2 400~3 000m，西藏羊分布在2 500~4 500m；其次，引种的过程中，海拔高度对引种的成功与否也起一定的决定作用，如长期饲养在低海拔地区的羊，当向高海拔地区引种时，会出现高山反应或叫高山病的现象。由此可见，非高原绵、山羊品种引入高原或高山地区有一定的难度，因为每个羊品种都有本身的生态特性。当新环境与其生态差异过大时，往往会导致繁殖力衰退，生产力下降，发病率提高，死亡率加大，甚至整个品种根本不能生存下去。

8. 地形、土壤与发展养羊生产有什么关系?

羊是以放牧饲养为主的家畜，放牧效果的好坏，除其他条件以外，与放牧地形特点也有很大的关系。平缓的地区有利于绵羊放牧，而坡高较大的地区，并不是所有的品种都具有同样的牧食能力，如某些羊放牧游走能力较差，对坡度较大的牧地反应敏感。然而，山羊则善于攀登高山峭壁，喜欢采食树叶嫩枝和幼嫩灌木。

在某些地区，因为土壤中缺乏某种微量元素，而导致羊只摄入不足，可以引起该种元素的缺乏症，影响养羊业的发展，例如白肌病，就是硒与维生素 E 缺乏引起的一种营养代谢病。

9. 季节对发展养羊生产有什么作用和影响?

季节实际上是各种自然气候因子在一定时间、区域或特定环境条件下，综合形成的外界环境因素，它对羊的生态作用，实际上是各种环境因素综合地对羊发生作用。如公母羊有各自的繁殖季节，羊毛的生长也有季节性。牧草和饲料作物的生产也受气候季节变化的影响。在我国西北地区的草原牧区和半农半牧区有“夏饱、秋肥、冬瘦、春乏或死亡”的说法。

第三节　环境保护对生态养羊的要求

1. 养羊的基本环保原则有哪些?

近年来，全国推行生态养殖模式，以此减少环境污染。因此，养羊的同时必须注重生态环境保护。一是要优化布局，以地定畜，以种定养，不能盲目追求经济效益而过度放牧破坏生态；二是要处理好养殖过程中粪污排放，坚持源头减量、过程控制及末端处理。

2. 在规划羊场时应考虑哪些环境保护要求?

一是选址要合理，场址不得位于国家明令禁止的区域，如水源保护区、风景名胜区、自然保护区、城镇居民区和文化教育科学研究区，避免养殖污染影响人们日常生活；二是在建设养羊场时，必须坚持“三同时”原则，即环保设施和主体工程同时设计、同时施工、同时投入使用；三是要配套修建无害化处理池，确保病死羊集中处理得当。

3. 发展生态养羊应如何处理羊粪、羊尿?

养羊业在畜禽养殖业中，虽然产生的粪便相对较少，但养殖过程中产生粪便对环境的污染不容忽视。要发展生态养羊，首先必须对羊产生的粪污妥善处理，要修建配套完善的粪污处理设施或设备对羊粪、羊尿进行收集储存，不能随地乱排，因此，养殖场必须有固定的羊粪储存、堆放设施和场所，储存场所要有防雨、防止粪液渗漏、流溢措施；其次要有足够的土地对养殖产生的羊粪、羊尿进行消纳，实行粪污有效还田利用，一般情况下，平均 1 亩地每年的粪污消纳量约 4.5t；最后在条件允许的情况下，可将粪便加工成为有机肥料，用于种植地施肥。

第三章　羊的主要品种与利用

第一节　绵羊品种概述

1. 我国的绵羊遗传资源现状如何？

我国绵羊遗传资源十分丰富，现有绵羊品种 74 个，其中地方品种 42 个（含 14 个国家级畜禽遗传资源），培育品种 21 个，引入品种 11 个。已列入国家级品种志的绵羊品种 30 个。列入《中国家养动物遗传资源网》（www. cdad-is. org. cn）的品种 65 个，其中地方品种 34 个、培育品种 20 个、引进品种 11 个。

2. 绵羊品种的分类方法有哪些？

（1）绵羊按动物学分类。此分类方法主要是根据绵羊尾型特征，即尾部脂肪沉积的多少及尾的大小长短，将绵羊品种分为 5 类。

① 短瘦尾羊，如西藏羊、罗曼诺夫羊等。

② 短脂尾羊，如蒙古羊、湖羊等。

③ 长瘦尾羊，如中国美利奴羊、无角陶赛特羊等。

④ 长脂尾羊，如大尾寒羊等。

⑤ 肥臀羊，如哈萨克羊、吉萨尔羊等。

（2）绵羊按所产羊毛类型分类。此分类方法是由 M.E.Ensminger 提出，目前在西方国家广泛采用。根据绵羊所产羊毛类型的不同，将绵羊品种分为 6 大类。

① 细毛型品种，如澳洲美利奴羊、中国美利奴羊等。

② 中毛型品种，这一类型品种主要用于产肉，羊毛品质居于长毛型和细毛型之间，如南丘羊、萨福克羊等。它们一般都产自英国南部的丘陵地带，故又有丘陵品种之称。

③ 长毛型品种，原产于英国，体格大，羊毛粗长，主要用于产肉，如林肯羊、边区莱斯特羊等。

④ 杂交型品种，是指长毛型品种与细毛型品种杂交所形成的品种，如考力代羊、波尔华斯羊等。

⑤ 地毯毛型品种，如德拉斯代羊等。

⑥ 羔皮用型品种，如卡拉库尔羊等。

（3）绵羊按生产方向分类。此种分类方法是根据绵羊主要的生产方向来分类。它把同一生产方向的绵羊品种归纳在一起，便于选择、介绍和利用。但这一方法也有缺点，就是对于多种用途的绵羊，如毛肉乳兼用的绵羊，在不同的国家，往往由于使用的重点不同，归类亦不同。这种分类方法，目前在中国、俄罗斯等国家普遍采用，主要分为以下几类。

① 细毛羊。

毛用细毛羊，如澳洲美利奴羊等。

毛肉兼用细毛羊，如新疆细毛羊、高加索羊等。

肉毛兼用细毛羊，如德国美利奴羊等。

② 半细毛羊。

毛肉兼用半细毛羊，如茨盖羊等。

肉毛兼用半细毛羊，如边区莱斯特羊、考力代羊等。

③ 粗毛羊，如西藏羊、蒙古羊、哈萨克羊等。

④ 肉脂兼用羊，如阿勒泰羊等。

⑤ 裘皮羊，如滩羊、罗曼诺夫羊等。

⑥ 羔皮羊，如湖羊、卡拉库尔羊等。

⑦ 乳用羊，如东佛里生羊等。

3. 细毛羊品种主要有哪些?

新疆细毛羊、中国美利奴羊、东北细毛羊、内蒙古细毛羊、甘肃高山细毛羊、山西细毛羊、敖汉细毛羊、鄂尔多斯细毛羊、青海细毛羊、新吉细毛羊、阿勒泰肉用细毛羊、澳洲美利奴羊等。

1954 年育成于新疆维吾尔自治区巩乃斯种羊场的新疆细毛羊，是我国育成的第一个细毛羊品种。目前享誉世界的细毛羊品种是澳洲美利奴羊。

4. 半细毛羊品种主要有哪些?

青海高原半细毛羊、凉山半细毛羊、云南半细毛羊、罗姆尼羊、萨福克羊、无角陶赛特羊、夏洛莱羊等。

5. 粗毛羊品种主要有哪些?

蒙古羊、西藏羊、哈萨克羊等。

6. 裘皮绵羊品种有哪些?

滩羊、岷县黑裘皮羊、贵德黑裘皮羊等。

7. 羔皮绵羊品种有哪些?

中国卡拉库尔羊、湖羊等。

第二节　山羊品种概述

1. 我国的山羊品种资源现状如何?

我国山羊遗传资源十分丰富，现有山羊品种 70 个，其中地方品种 58 个（含 16 个国家级畜禽遗传资源），培育品种 7 个，引入品种 5 个。已列入国家级品种志的山羊品种 23 个。

列入《中国家养动物遗传资源网》（www. cdad-is. org. cn）有品种 50 个，其中地方品种 43 个、培育品种 4 个、引进品种 3 个。

2. 山羊品种分为哪些经济类型?

在分类上各国略有差异，但主要是根据生产方向进行分类，一般分为六大类。

（1）绒用山羊：如辽宁绒山羊、内蒙古绒山羊等。

（2）毛皮山羊：如济宁青山羊、中卫山羊等。

（3）肉用山羊：如波尔山羊、南江黄羊等。

（4）毛用山羊：如安哥拉山羊等。

（5）奶用山羊：如萨能山羊、吐根堡山羊、关中奶山羊等。

（6）兼用山羊（普通山羊）：如新疆山羊、西藏山羊等。

3. 绒山羊品种有哪些?

指一类以生产山羊绒为主要产品的山羊品种，是我国独特的畜禽资源，是经过长期的自然选择和人工选育而成的。我国绒山羊品种资源丰富，主要有辽宁绒山羊、内蒙古绒山羊（阿尔巴斯型、阿拉善型、二狼山型）、河西绒山羊、罕山白绒山羊、柴达木绒山羊、陕北白绒山羊等品种。

4. 毛皮山羊品种有哪些?

山羊屠宰一般都有一套毛皮。毛皮山羊是指以专门生产独具特色并富有一定生活与生产价值的羔皮和裘皮为主要方向的羊品种或遗传资源。羔皮按生产日龄的不同分为小羔皮、中羔皮和大羔皮，裘皮按生产日龄和应用价值可分为二毛皮、大毛皮和老羊皮，通常所指专用裘皮羊系以生产珍贵奇特的二毛皮而著称。我国毛皮用羊品种很多，产品种类丰富多彩，是其他国家难以比拟的。品种主要有济宁青山羊和中卫山羊。

5. 肉用山羊品种有哪些?

肉用山羊狭义的概念是以产肉为主要目的，具有体格大、生长快、肌肉多、脂肪少、腿部肌肉发达，体躯呈圆筒状、脂肪少、早期生长速度快、产肉性能高、胴体瘦肉多等品种特征，且经过专门机构认定的肉羊品种，如波尔山羊、南江黄羊、简州大耳羊等；广义的概念，其主要生产方向是肉用，且具备肉用羊品种的一般特征，也称为肉用山羊品种，这类品种资源很多，如马头山羊、大足黑山羊、成都麻羊等。

6. 乳用山羊品种有哪些?

以产乳为主要用途的山羊，不少国家供应鲜乳和乳制品（如奶酪）的主要来源之一，培育始于欧洲。我国主要的乳用山羊（包括引进的）有萨能山羊、崂山奶山羊、关中奶山羊、努比亚山羊、文登奶山羊等。

第三节　羊引种与选种技术

1. 羊引种应遵循的基本原则是什么?

（1）不要盲目引种。引种应根据生产或育种工作的需要，确定品种类型，同时要考察所引品种的经济价值。尽量引进国内已扩大繁殖的优良品种，可避免从国外引种的某些弊端。引种前必须掌握引入品种的技术资料，对引入品种的生产性能、饲料营养要求要有足够的了解，如是纯种，应有外貌特征、育成历史、遗传稳定性以及饲养管理特点和抗病力信息，以便引种后参考。

（2）注意引进品种的适应性。选定的引进品种要能适应当地的气候及环境条件。每个品种都是在特定的环境条件下形成的，对原产地有特殊的适应能力。当被引进到新的地区后，如果新地区的环境条件与原产地差异过大，引种就不易成功，所以引种时首先要考虑当地条件与原产地条件的差异状况。其次，要考虑能否为引入品种提供适宜的环境条件。考虑周全，引种才能成功。

（3）引种渠道要正规。从正规的种畜场引种，才能确保品种质量。

（4）必须严格检疫。绝不可以从发病地区引种，以防引种时带进疾病。进场前应严格隔离饲养，经观察确认无病后才能入场。

（5）必须事先做好准备工作。如圈舍、饲养设备、饲料及用具等要准备好，饲养人员应作技术培训。

（6）注意引种方法。首次引入品种数量不宜过多，引入后要先进行 1~2 个生产周期的性能观察，确认引种效果良好时，再适当增加引种数量，扩大繁殖。引种时应引进体质健康、发育正常、无遗传疾病、青年羊优先，因为这样的个体可塑性强，更易适应环境。做好运输组织工作安排，避开疫区，尽量缩短运输时间。如运输时间过长，就要做好途中饮水、喂食的准备，以减少途中损失。注意引种季节，引种最好选择在两地气候差别不大的季节进行，以便使引入个体逐渐适应气候的变化。从寒冷地区向热带地区引种，以秋季引种最好，而从热带地区向寒冷地区引种则以春末夏初引种最适宜。

2. 羊引种的主要技术措施有哪些？

羊引种的主要技术措施包括引种前的准备工作和引种后的饲养管理。

（1）引种前的准备工作。

① 制订引种计划。要确定引种数量、品种、公母比例。引种应从大型牧场、良种繁殖场或地方良种产区引进，不能从农户收购种羊，更不能到集市上选购种羊。

② 修建羊圈。因地制宜修建羊圈，如在南方圈舍最好建成漏缝式，羊舍采用吊脚楼式，羊床用木材或竹子做成，粪尿通过漏缝地板直接进入粪沟排走，以保持羊舍的干燥清洁，羊粪尿应集中无害化处理。

③ 落实引种计划。确定从某地引种后，引种人员应赴该地，对所引品种的特性、繁殖、饲养管理方式、饲料供应、疾病防治等情况进行全面了解。

④ 种羊的选择。要根据体形外貌来选择种羊，有条件的要查阅系谱，繁殖种羊应健康无病，行走正常，个体外貌要符合品种要求，在引种当中首先要考虑繁殖性能好、生长速度快、适应性广的羊品种。

⑤ 种羊的运输。公母羊分开运输；如一起运输，要采用物理方法隔开。短距离运输以汽车运输最好，因为汽车运输比其他方式更灵活方便，便于在运输途中观察。运输车要有篷布，防止日晒雨淋，车箱要消毒，用生石灰水或3%~5%的烧碱水溶液喷洒。

（2）引种后的饲养管理。

① 种羊运达目的地，要作短暂的休息，使羊只平静下来后才能下车。然后引导羊下车，严禁驱打羊只从车上跳下，以免摔伤。

② 刚下车的羊因途中体内消耗大、饥饿，下车后不能喝冷水，要饮30~40℃温水。有条件的饲喂或注射一定量的维生素C，减少应激。

③ 种羊要尽量按照原饲养地方式进行饲养，隔离观察两周后，未发现任何病症方可与当地羊混群饲养。

④ 对体弱、病、残种羊要及时分群隔离饲养，病羊要对症治疗。健康羊在饲养一段时间后，根据引种地提供的资料进行预防接种。

⑤ 养羊应定期驱虫，通常一个季度驱体内外寄生虫1次，药物可选用阿维菌素，具体用量按说明书使用。

⑥ 引入的良种必须良养，才能成功。引种第一年为关键的一年，要给引入的品种创造好的饲养管理条件。

3. 羊引种时应注意哪些事项?

（1）正确选择引入品种，根据当地经济发展需要和品种区划要求，选择有较高经济价值和育种价值及有较强适应性的品种。同时应注意原产地和引入当地生活环境条件差异不宜过大。

（2）慎重选择个体，除按照本品种标准要求选择外，还应尽量选择年幼健壮的个体。

（3）合理安排调运季节，避免严寒酷暑，使羊只逐渐适应温和的气候变化。

（4）严格执行隔离检疫制度，防止疫病传入。

（5）加强饲养管理和适应性锻炼，增强其适应能力。

（6）要保证引种数量和科学合理的公母羊比例。

4. 引种失败的原因有哪些?

（1）引种方面的原因。引种的方式分为政府行为和个人行为，失败的原因首先是引种的羊质量低劣和养殖户缺乏精心的管理和责任心。其次是引种的地点不适应所引种羊的饲养环境。最后是羊的引种年龄和引种时间没有准确把握。

（2）饲养方式和规模方面的原因。根据所引种的品种选择放牧、舍饲还是半舍饲饲养。也应以适度规模饲养为好，且应根据年龄大小、怀孕时间，分群进行饲养。

（3）饲养管理方面的原因。羊的引种成功还是失败，在很大程度上取决于饲养管理。羊的饲养管理因不同的品种、性别、年龄和生产目的，在不同季节、不同饲养环境下有不同的要求和特点。在实践中一定要良种良养。

5. 什么叫选种？养羊为什么要进行选种？

选种也叫选择，即选出优良的个体作为种用，在实践中是羊育种和羊群体遗传改良的关键。具体来讲，就是把那些符合期望要求的个体，按相关标准从现有羊群中选出来，让它们组成新的繁殖群或加入现有的繁殖群中繁殖下一代。

搞好选种，是科学养羊的重要组成部分，是提高养羊生产水平的关键技术之一。这样能使品质较差个体的后代繁殖受到限制，而使优秀个体得到更多的繁殖机会，产生更多的优良羔羊。结果使群体的遗传结构发生定向变化，即有利基因的频率增加，不利基因的频率减少，最终使有利基因纯合个体的比例逐代增多。长期坚持选种不仅能保持良种的作用，还可以选出新的良种。与此相反，如果不选种，有缺陷的个体也留作种用，它的低劣品质也会迅速扩散到羊群中，贻害无穷。

6. 羊选种的方法有哪些？

（1）个体选择。该方法是根据个体性状表型值大小进行选择，在品种培育的初期常用这种方法。个体表型选择效果的好坏主要取决于表现型和基因型间的相关程度和被选择性状的遗传力高低。通常对遗传力高或表现型和基因型的相关程度高的性状，进行个体选择会获得较理想的效果。

（2）系谱选择。系谱是个体、亲本及相关亲属生产性能和等级的记录资料，是了解个体遗传特性的重要信息来源。通过个体的系谱可了解育种价值。如果被审查个体曾有多个十分优秀的祖先，则通常该个体应具有较好的育种价值。遗传上影响最大的是个体的父母，其次为祖父母、曾祖父母等，多于2~3个世代的祖先作用不大。

（3）同胞测定法。包括全同胞测定和半同胞测定，是按照其同胞的表现成绩选种，其可靠性较高。主要用于上一胎的同胞或半同胞表现好时和某些性状（如产肉性能）等无法直接测量时。

（4）后裔测定。此法按照其后代的表现成绩来选种，对于遗传力低或中等的性状，这是目前最准确的选种方法之一，但缺点是时间太长，因为只有后代表现出成绩时（如体重和产羔数等）才能在实际中运用，可以通过此方法印证早期选种的准确性和可靠性。如果印证后证明早期选种可靠，那么记住原来是怎样选的，再经过细心的观察和完善，对今后准确的早期选择是很有益的。

7. 选种时应注意哪些问题？

（1）品种。首先要明确选留什么品种，其体型外貌必须符合该品种的特征。

（2）健康检查。选留种羊要进行健康检查，要求无明显的外形缺点和生理缺陷，无遗传疾病。具有明显外形缺点和遗传疾病的羊不能留作种用。

（3）生产性能。养羊选种时，一选体型外貌，二选生产性能。不同生产目标、不同品种的生产性能选种侧重点有所不同，肉用羊、奶山羊、细毛羊、绒山羊和羔裘皮羊选种各有侧重点。

（4）遗传评估，综合鉴定选种。要对备选个体进行性能测定，遗传评估。在选种时，除考察个体的体型外貌和生产力之外，还要注重祖先和后代的表现，如祖先和后代的体型外貌、体重、生长速度、产肉性能、繁殖率、被毛密度、产毛量和毛的品质、抗病力等。把优秀的后代个体选择出来留作种用。

（5）要随带系谱卡和检疫证。一般种羊场都有系谱档案，出种羊场应随带系谱卡，以便掌握种羊的血缘关系及父母、祖父母的生产性能，估测种羊本身的性能。从外地引种时，应向引种单位取得检疫证，一是可以了解疫病发生情况，以免引入病羊。二是运输途中检查时，手续完备的羊品种才能通行。

8. 如何鉴定羊的年龄？

准确的年龄鉴定应根据个体记录。如没有个体记录或记录不准确，主要根据门齿来判断。羔羊的牙齿叫乳齿，共 20 颗。成年羊的牙齿叫永久齿，共 32 颗。永久齿比乳齿大，颜色发黄。羊没有上门齿，只有下门齿 8 颗。另有臼齿 24 颗，分别长在上下四边牙床上。中间的一对门齿叫切齿，切齿两边的两颗门齿叫内中间齿，内中间齿的外边两颗叫外中间齿，最外边的一对门齿叫隅齿。

羔羊的乳齿，一般 1 年后换成永久齿。通过换牙可以判断羊的年龄：一般来说，周岁不扎牙（不换牙），两岁一对牙（切齿长出），三岁两对牙（内中间齿长出），四岁三对牙（外中间齿长出），五岁齐口（隅齿长出），六岁平（牙上部由尖变平），七岁斜（齿龈凹陷，有的牙开始活动），八岁歪（齿与齿之间有了大的空隙），九岁掉（牙齿有脱落现象）。

9. 羊的选配方法有哪些？选配应遵循哪些原则？

选配是选种的继续和发展，即按照人们的生产目标，采用科学的方法，有计划地指定公、母羊进行交配繁殖。常用的选配方法有同质选配、异质选配、个体选配和群体选配。但这几种方法有时并不能截然分开。

（1）同质选配。选择某些优良性状相似的公、母羊进行配对，是根据其表型性状选配的，在短期内表现不明显，需要进行几代，才能取得良好的效果。

（2）异质选配。选择具有不同优良性状的公、母羊配对，以期将双亲优良性状结合在一起而获得好的后代；或者是在同一性状优劣程度相差较大，以优改劣，以便后代有较大提高。

（3）个体选配。主要用于有特殊育种价值的母羊上，为其选配理想的公羊。

（4）群体选配。是指母羊群在某些性状上存在缺点，而选择在该性状方面优良的公羊与之交配，以期提高后代品质。

选配时应注意的原则如下。

（1）选配要与选种紧密的结合起来，选种要考虑选配的需要，为其提供必要的资料；选配要和选种配合，好使双亲有益性状固定下来，并遗传给后代。

（2）要用最好的公羊选配最好的母羊，但要求公羊的品质和生产性能必须高于母羊，即使较差的母羊也要尽可能与较好的公羊交配，使后代得到一定程度的改善。一般二、三级公羊不能用作种用，不允许有相同缺点的公、母羊进行选配。

（3）要扩大利用好的种公羊，最好经过后裔测验，在遗传性未经证实之前，选配可按体型外貌和生产性能进行。

（4）种羊的优劣要根据后代品质做出判断，因此要有详细和系统的记载。

10. 如何选择肉羊？

选择肉羊品种要突出三个方面的生产性能。

（1）繁殖率要高。只有繁殖率高的羊才能提供较多的供当年屠宰食用的羔羊。

（2）早期生长要快。一般要求周岁内体重应达到成年体重的60%左右。

（3）产肉性能要好。

同时，选择肉羊个体还应注意体质外貌要具有肉用特点，即羊的躯体应呈长方形或圆筒状，背线平直，前胸要宽且深厚，胸围要大，大腿肌肉丰满而结实，四肢粗壮。

11. 如何选择高产奶山羊？

选择高产奶山羊要从体质外貌、泌乳器官及父、母生产性能几个主要方面综合评定。奶山羊整个体躯应呈乳用家畜特有的楔形，乳房发育良好，附着面积大，左右乳房对称无纵沟，呈梨形或球形，基底部宽阔而充满于胯下，向前延伸至腹部，皮薄毛细，静脉管明显、粗大、充盈、多弯曲，奶头大小适中、间距应大、与乳房连接处界限明显，出奶畅通。高产奶山羊的选择还应考察其父、母生产性能。

12. 如何选择优质细毛羊?

选择的优质细毛羊要有如下特征。

(1) 外貌特征。体格中等，体质结实，体侧呈长方形，头部细毛密长、着生至眼线两颊。胸宽深、背要腹线平直、后躯丰满；四肢结实端正，肢细毛着生到腕关节，后肢飞节以下略着毛；公羊无角，母羊无角或有小角，公羊颈部有发达褶皱。母羊颈部褶皱明显，体表皮肤宽松，但无过度褶皱。

(2) 被毛特征。被毛白色，闭合良好，呈毛丛结构，细度中等以上，弯曲清晰，呈正常弯或浅弯；各部位毛丛细度均匀，弯曲明显，油汗白色或乳白色，含量适中，腹毛着生良好。

13. 如何选择绒山羊?

绒用毛山羊的外貌特征：体表绒、毛混生，毛长绒细，被毛洁白有光泽，体大头小，颈粗厚，背平直，后躯发达。产绒量多，绒质量好。在挑选绒山羊种母羊时，应选留产绒量在350g以上，体躯结构协调，体态丰满，后躯宽深，四肢结实，被毛整齐、有光泽，乳房及生殖器官发育良好，母性强的母羊作种羊。

第四节 羊品种利用技术

1. 什么是纯种繁育？养羊纯种繁育应遵循哪些原则?

纯种繁育简称纯繁，是种群选配的方式之一。是指在同一品种、种群内，通过选种选配、品系繁育、血液更新等措施，以克服该种群的某些缺点，提高和保持种群的优良特性的方法。主要有两大目的：① 巩固遗传性，使种群固有的优良品质得以长期保持，并迅速增加同类型优良个体的数量；② 提高现有品质，使种群水平不断稳步上升。

纯种繁育应遵循以下原则。

(1) 加强选种选配。筛选利用良种，尤其是公羊，扩大其利用率，使个体优良性状变成群体特征。

（2）掌握好淘汰手段。严格淘汰不良个体，高标准留选种羊。

（3）丰富品种内结构。积极促进育种羊群分化出不同类型，使品种具有广泛的适应性。对有特殊优点的种公羊可以建立品系，丰富内部结构。

（4）保证营养需要。加强饲草、饲料生产，保证羊群营养需求。

（5）规范繁育基地。相关部门加强良种的统一管理和领导，有计划地扩大数量。

2. 纯种繁育的方法有哪些?

纯种繁育的方法包括品系繁育、血液更新，分别简述如下。

（1）品系繁育。品系是指具有共同特点，彼此有亲缘关系的个体所组成遗传性稳定的类群。品系繁育，就是为了更好地利用杂交优势，维持内部异质性，加快现有品种改良的一种育种手段。包括 3 个阶段。

① 建立基础群，一是按血缘关系组群，二是按性状组群。按血缘组群，先对羊群进行系谱分析，查清公羊后裔特点，选留优秀公羊后裔建立基础群，淘汰具备该品系特点的后裔。这种组群方法一般在遗传力低的性状中采用。按性状分群，是根据性状表现来建立基础群。按性状组群一般在遗传力高的性状中采用。

② 闭锁繁育阶段。品系基础群建立之后，一般把基础群封闭起来，只在基础群内选择公、母羊进行繁殖，最优秀的公羊尽量扩大利用率，质量较差的不配或少配。逐代把不合格的个体淘汰，每代都按品系特点进行选择，直到特点突出和遗传性稳定后，纯种品系已经育成。

③ 品系间杂交。在品系完善成熟以后，可按育种需要组织品系间杂交，使不同品系间的优点得以结合。

（2）血液更新。是把具有遗传性稳定和生产性能方向相同，但来源不接近的同品系种羊，引入另外一个羊群的方法。由于公、母羊属于同一品系，仍是纯种繁育。血液更新在下列情况下进行。

① 在一个羊群中或羊场中，由于羊的数量较少而存在近交产生

不良后果时。

② 新引进的品种改变环境后，生产性能降低时。

③ 羊群质量达到一定水平，生产性能及适应性等方面呈现停滞状态时。

3. 如何对地方良种进行选育？

地方良种是指在特定生态环境和经济条件下，长期经过人工和自然选择而成的品种。这类品种有大体相近的体形外貌，产品品质基本相同，生产方向也符合国民经济发展需要，但就品种整体而言，个体间产品品质差异大，存在地方类型，生产潜力有待开发，产品质量有待进一步提高。

凡属地方优良品种都具有某一特殊的、突出的优良生产性能，并且往往没有合适的品种与之杂交改良，如大足黑山羊、滩羊、湖羊、中卫山羊、辽宁绒山羊和济宁青山羊等，这些品种不能期望通过杂交方式来提高其产品质量；与此同时，地方良种的另一特点是，品种内个体间、地区间的性状表型差异较大，不如培育品种那样整齐一致，因此选择提高的潜力较大，只要不间断地进行本品种选育，品种质量就会得到提高和完善。

4. 本品种选育的基本做法？

（1）首先要全面地调查研究品种分布的区域及自然生态条件、品种内羊只数量、地域分布状况、饲养管理和生产经营存在的主要问题等，即首先摸清品种现状，制定品种标准。

（2）选育工作应以品种的中心产区为基地，以被选品种的代表性产品为基础，根椐品种的代表性产品，制定科学的鉴定方法和鉴定分级标准。

（3）严格按品种标准，分阶段地（一般以 5 年为一阶段）制定科学合理的选育目标和任务。然后，根据不同阶段的选育目标和任务拟定切实可行的选育方案。选育方案是指导选育工作实施的依据，其基本内容包括：种羊选择标准和选留方法，羔羊培育方法，羊群饲养管理制度，生产经营制度以及选育区域、地区之间的协作办法和种羊调剂办法等。

(4) 为了加速选育进展和提高选育效果，凡进行本品种选育的地方良种，都应组建选育核心群或核心场。组建核心群（场）的数量和规模，要根据品种现状和选育工作需要确定。选入核心群（场）的羊只必须是该品种中最优秀的个体。核心群（场）的基本任务是为本品种选育提供优质种羊，主要是种公羊。与此同时，在选育区内要严格淘汰劣质种羊，杜绝不合格的公羊继续留作种用；一旦发现特别优秀并证明遗传性很稳定的种公羊，应用人工授精等技术，尽可能地扩大其利用率。

(5) 为了充分调动品种产区群众对选育工作的积极参与，鼓励成立品种协会，其任务是组织和辅导选育工作，负责品种良种登记，并通过组织赛羊会、产品展览会和交易会等形式，引入市场竞争机制，搞活良种羊产品流通。必要时可组织一定规模的赛羊会，这对推动本品种选育工作具有极为重要的实际意义。

5. 什么是杂交？养羊常用的杂交方法有哪些？

杂交是指不同种群（品种、品系）个体间的交配，它不是任何两个品种的随意结合，而是有选择、有目的地利用品种资源，加速生产合乎需要的杂种后代，朝选择方向选育提高的一种交配制度。

(1) 级进杂交。又叫吸收杂交，是针对母本品种所欠缺的性状引进相应的优良品种进行连续杂交，用理想父本的基因，改造母本群体的遗传结构。低产品种母羊用高产优良品种公羊杂交，所得的杂种后代母羊再与同一高产优良品种公羊杂交。

(2) 育成杂交。用 2 个或 2 个以上的品种，采取一定杂交形式，使彼此的优点结合，通过自群繁育，创造新的品种。只有 2 个品种参加杂交的，叫简单育成杂交；有 3 个或以上品种参加杂交的，叫复杂育成杂交。

(3) 导入杂交。指少量引入外血以改进品种质量的杂交。一般是在当时当地某一品种基本可满足需要，但在生产性能的个别方面存在不足，影响品种的进一步提高，采用纯种繁育短期内又难奏效，这时，可选择有针对原品种缺陷的突出优点的品种与之杂交，借助外品种来改进原品种。为了不改变原品种的主要特点，一般只杂交 1 次，以后 2~3 代都挑选比较优秀的杂种与原品种回交，以产生较理想的后代。

（4）经济杂交。利用品种间杂交，产生杂种优势，提高生产的一种杂交方式。杂种优势是指杂种在特定性状表现上高于杂交组合中纯种性状平均值的超越部分。一般来说，杂种表现有生活力强、繁殖力高和生长快的特点。当 2 个品种杂交时，形成了新的杂合基因型，掩盖了原有不合意基因的表现，杂合子的性状表现超过了纯种的平均值，即杂种优势现象。

6. 肉羊杂交改良父本、母本应如何选择？

肉羊杂交改良时，杂交亲本的选择必须根据当地的气候、饲料条件而定，不能一味地引进国外或外地优良品种。一般来说，母本要选择适应性强、耐粗饲、产仔率高、母性好的本地当家品种，父本可以选择对当地气候环境有一定适应能力的外地或者国外品种。对于杂交亲本的选择分述如下。

（1）父本的选择。父系品种应是肉用性能特别突出的品种，具备体重大、生长发育快、繁殖率高等特点。终端杂交父本早期生长发育速度要快，胴体品质要好。符合上述特点山羊和绵羊品种有：波尔山羊、萨福克羊、杜泊羊、夏洛莱羊、特克塞尔羊等。

（2）母本的选择。母本应是对当地气候有较好适应性的品种。具备繁殖力高，包括性早熟、每胎产羔数多、泌乳能力强等特点，同时还需要具有比较好的产肉性能。

7. 肉羊生产常用的杂交组合有哪些？

肉羊生产考虑肉用特性和繁殖率，一般都引进国外优良肉羊品种进行杂交肉羊生产。常见的肉羊杂交模式是两品种和三品种杂交，如下。

（1）肉用绵羊杂交模式。

模式一：

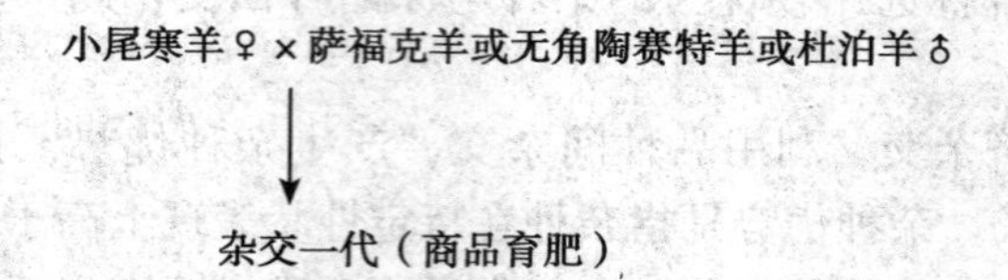

模式二：

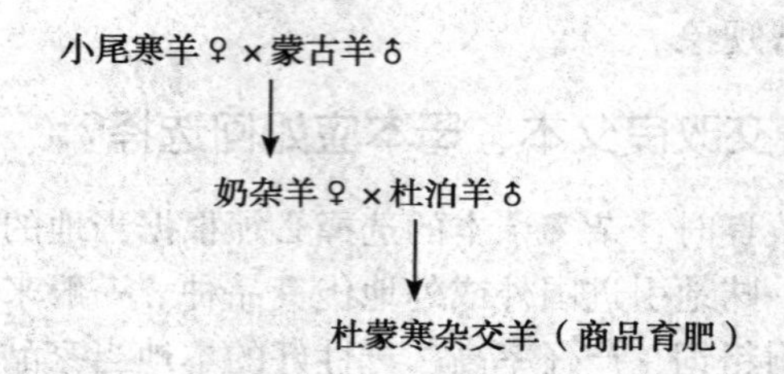

（2）肉用山羊杂交模式。

模式一：

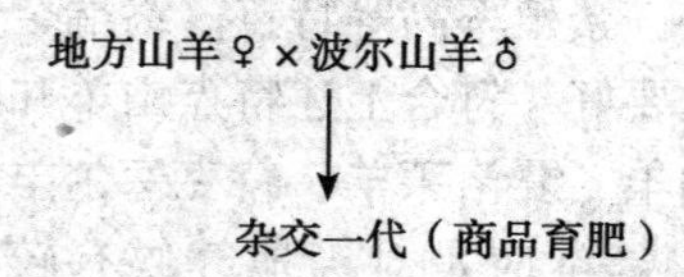

模式二：

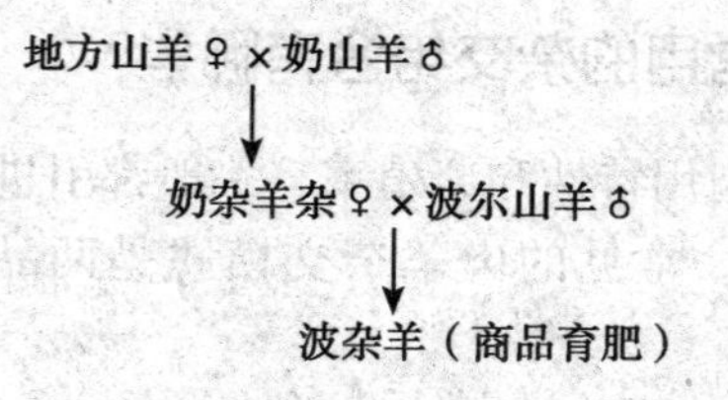

第四章　羊的繁育关键技术

第一节　羊的繁殖规律

1. 什么是羊的初情期、性成熟、初配年龄?

（1）初情期。羊的初情期是指青年母羊达到一定年龄，表现第一次发情并排卵现象的时期。初情期受品种、气候、营养水平和出生季节等因素影响，如绵羊春季所产羔初情期为 7~9 月龄，秋季所产羔为 10~12 月龄，山羊初情期则为 5~7 月龄。

（2）性成熟。羊的性成熟是指母羊在初情期后，生殖器官发育成熟、发情和排卵正常并具有正常繁殖能力的时期。性成熟同初情期一样也受品种、个体、饲养水平、出生季节、气候条件等因素影响，绵、山羊性成熟在 6~10 月龄，但早熟品种一般母羊在 5~7 月龄，且山羊一般略早于绵羊。在实际生产工作中，公、母羔在 2~4 月龄断奶时，要注意分群饲养管理，以免偷配。

（3）初配年龄。羊的初配年龄又叫适配年龄，是指公、母羊适宜配种的年龄。母羊在性成熟期配种虽能受胎，但因身体尚未完全发育成熟，势必会影响胎儿生长发育及个体本身生长发育，所以在生产中一般选择在性成熟后一定时期才开始配种。一般山羊为 10~12 月龄，绵羊为 12~18 月龄，但也受品种和饲养管理条件的影响，一般体重达到成年母羊的 70%时，可进行第一次配种。

2. 什么是发情、发情持续期、发情周期?

（1）发情。母羊生长发育到一定年龄后，在垂体促性腺激素的作用下，卵巢上卵泡发育并分泌雌激素，引起生殖器官和性行为的一系列变化，并产生性欲，母羊处于的这种生理状态称为发情。

（2）发情持续期。发情持续期是指从发情表现开始到消失所持续的时间。发情的持续时间从几个小时到3~4d，或多于4d，平均为24~48h。在一个发情持续期，绵羊能排出1~4个卵子，高产个体可排出5~8个卵子。如进行人工超排处理，母羊通常可排出10~20个卵子。

（3）发情周期。雌性动物自第一次发情后，如果没有配种或配种后没有受胎，则每间隔一定时期均会出现一次发情，如此周而复始地进行，称为发情周期性。从发情开始至发情结束，然后开始再次发情的间隔时期，称为发情周期。山羊发情周期范围为18~24d，平均为21d；绵羊发情周期范围为14~20d，平均为17d。

3. 母羊发情有何表现?

母羊发情时，生理和行为会发生以下几个方面的变化。

（1）卵巢变化。母羊的卵巢卵泡会迅速生长发育成熟，卵泡液分泌增多，卵泡壁变薄而突出表面，在激素的作用下，促使卵泡壁破裂，从而排出卵子。

（2）行为变化。母羊行为常表现为精神兴奋、情绪不安、不时地高声鸣叫，并强烈地摇尾，食欲减退，反刍停止，放牧时常有离群现象，喜欢接近公羊。

（3）生殖道变化。母羊生殖道外阴部表现为充血、水肿、松软、阴蒂充血；阴道黏膜充血、潮红，子宫黏膜上皮细胞和子宫颈黏膜上皮杯状细胞增生，腺体增大，分泌机能增强，分泌黏液。发情前期黏液量少，发情盛期黏液量多且稀薄透明，发情末期黏液量少且浓稠。

4. 母羊如何进行发情鉴定?

选准发情最佳时机进行配种，对提高母羊受胎率具有重要作用。常用的、比较可靠的、操作方便的发情鉴定方法有下列几种。

（1）肉眼观察法。母羊发情后，常常表现出一系列生理和行为变化，如上所述。根据上述变化，可判断母羊已经发情并大致了解哪些母羊出现了发情。

（2）公羊试情法。挑选出体格强壮、健康无病、性欲旺盛的壮龄公羊作为试情公羊，戴上试情布，放入母羊群中。如果母羊发情，便会接受试情公羊的爬跨，如果母羊不接受试情公羊的爬跨，则发情不到或没有发情。用公羊试情的方法能将母羊群中的绝大多数发情的母羊挑选出来，准确性比肉眼观察法高。

选用公羊试情时，试情公羊与被试母羊之间比例以 1：(30~50) 较为适宜，同时应根据公羊性欲、体质等来调整。在试情时，发现母羊接受公羊爬跨，要及时将发情母羊挑出群外，只有这样才能选准发情母羊，而又不浪费试情公羊的体力，保持其较高的性欲，同时，要注意一些特殊的发情表现，其中包括隐发情、假发情、短发情、持续发情和慕雄狂。

（3）阴道检查法。此发情鉴定方法与时间推算法比较，具有方便、快速、准确性高的特点。母羊生殖器官变化的过程见表 4-1。

表 4-1　母羊阴道检查内容及标准

发情阶段	黏液状态				颈口开张程度	导电性	酸碱性
	色泽	数量	浓稠程度	透明程度			
前期	苍白~浅粉	阴道由干涩变得湿润，量少	稀薄似水	透明似清水	微开、半开	电阻大，渐渐减小	中性或偏碱性
中期	粉红~鲜红	量多，能流出阴道，阴道内存有一定量	呈牵丝状	透明似蛋清，略有浑浊	全开	减至最小	偏酸性

（续表）

发情阶段	黏液状态				颈口开张程度	导电性	酸碱性
	色泽	数量	浓稠程度	透明程度			
后期	浅粉~苍白	渐少，阴道变得干涩	干稠变白，由液态变成固态	不透明	微开或闭合	逐渐升高	中性或偏碱性

注：引自宋先忱《辽宁绒山羊母羊发情鉴定方法》

5. 影响发情周期的因素有哪些?

影响发情周期的因素有很多，主要的有遗传、环境和饲养管理等。

（1）遗传因素。不同品种、个体、地区的同一品种发情周期的长短不同，如阿勒泰羊为16~18d，湖羊为17.5d，成都麻羊为20d，雷州山羊为18d，波尔山羊为14~22d。对于季节性发情品种，只有在发情季节才有发情周期的出现，不同品种在发情季节的发情周期长短和周期数不同（表4-2）。

表4-2　不同品种绵羊在发情季节的发情周期数及发情周期

品种	山地黑绵羊	威尔士山地羊	边区莱斯特羊	罗姆尼羊	萨福克羊
发情周期数	6.9	7.0	7.2	9.7	10.2
发情周期（d）	20.1	19	18.2	17.6	18.5

注：引自中国农业大学，家畜繁殖学，2000

（2）环境气候因素。纬度、光照、温度和湿度等环境气候条件均对羊的发情及发情周期有影响，尤其是光照和温度。

① 光照对季节性发情动物的影响明显，羊属于短日照动物，发情季节发生于光照时间的季节（9—10月份），光照时间变短的季节发情具有抑制作用。但我国具有一些一年四季均发情的优良品种，如小尾寒羊、湖羊、大足黑山羊、济宁青山羊、福清山羊和都安山羊等。

② 温度几乎对所有动物的发情均有影响，适宜的温度有利于母羊的发情，高温则会抑制发情。在南方地区，高温往往与高湿联系在一起，在高温季节，如果湿度也很高，不利于有机体的散热，则会加剧高温对发情的影响程度。

（3）饲养管理水平。适宜的饲养管理水平有利于母羊发情，饲养水平过高或过低，导致母羊过肥或过瘦均不利于母羊发情。对于季节性发情品种（如绵羊），在发情季节到来之前进行补饲，可以有效提早发情季节的开始，而且可以增加排卵率和产羔率。

6. 如何掌握羊的配种时间?

母羊因年龄不同，发情鉴定存在差异，但总的趋势是少配早、老配晚、壮母配中间。例如，对于6~18月龄的发情母羊，只要通过公羊试情接受爬跨，阴道黏膜呈粉红色，流出的黏液为稀薄透明状，子宫颈口半开或微开，就可以进行配种，因为幼龄母羊的排卵比成年母羊早，发情持续期又比成年母羊短。对于老龄母羊，则应在阴道黏膜变成老红色、黏液变成半透明状并有少量白色固体状呈豆花样的黏液，子宫颈口开张良好的时候进行配种比较合适，因为老龄母羊的排卵比壮年母羊较晚。壮年母羊子宫颈口开张，其他方面没有相应的变化也不能进行配种。

7. 羊的配种方式有哪些? 各有什么优缺点?

羊的配种包括自然交配与人工授精两种类型。

（1）自然交配。常见的自然交配方式有以下几种。

① 自由交配。在群牧条件下，公母羊混群饲养，只要母羊发情，任意公羊均可与其交配。其优点是节省人工，不需要任何设备，如果公、母羊比例适当，一般为1∶(25~30)，受胎率也相当高；缺点是不受人工控制，难以进行配种记录，易引起近亲繁殖，使种群生产性能和遗传性能发生退化。由于与母羊混群饲养，公羊体能和体重消耗大。

② 分群交配。将母羊分成若干小群，每群根据需要放入1头或几头经选择的公羊，任其自由交配。这种方式可实现一定程度的选种

选配，但仍然难以进行配种记录。

③ 人工辅助交配。在公母羊隔离饲养条件下，只在母羊发情时，才按既定选种选配计划，令其与特定的公羊交配，并在配种前对母羊外阴进行消毒，以防止生殖道疾病的传播，对体型悬殊的公母羊还可以采取适当的辅助措施，使公羊顺利完成交配。这种方法的优点是可完全实施严格的选种选配计划，能形成配种记录，母羊受胎率高，提高公羊利用率；缺点是饲养管理成本较高，工作量大。

（2）人工授精。是指通过人为的方法，将公羊的精液输入母羊的生殖器内，以繁殖后代的方法。其具有可以扩大优良公羊利用率、提高母羊受胎率、减少种公羊数量和使用成本、减少疾病传播和加速品种改良及种质资源保护的优点；其缺点是需要有熟练和严格遵守操作规范的技术人员，才能发挥其巨大的优越性。

8. 如何控制羊的繁殖季节？

绵、山羊的繁殖季节（亦称配种季节）是通过长期的自然选择逐渐演化而形成的，主要决定因素是分娩时的环境条件要有利于初生羔羊的存活。绵、山羊的繁殖季节因品种、地区而有差异，一般是在夏、秋、冬三个季节母羊有发情表现。母羊发情之所以有一定的季节性，主要是因为光照、气温、饲草饲料等条件引起的，特别是光照条件（要求由长变短的光照条件）。目前在非繁殖季节诱导母羊发情的主要方法有利用激素（孕酮、促性腺激素、前列腺激素等）处理、控制光照（先长日照、后短日照）等。

第二节　人工授精技术

1. 采用人工授精有哪些好处？

（1）扩大优良公羊的利用率。利用人工授精方法，公羊的 1 次射精量，一般可供几只或几十只母羊授精之用。

（2）提高母羊的受胎率。首先，由于将精液完全输送到母羊的子宫颈或子宫颈口，增加了精子与卵子结合的机会，同时也解决了母羊因阴道疾病或因子宫颈位置不正所引起的不育；其次，由于精液品质经过检查，避免了因精液品质的不良所造成的空怀。

（3）减少种公羊数量和饲养成本。种公羊的利用率得到极大的提升，因此只需要保留极少数优秀个体即可满足繁殖需要，从而可节省饲养成本与管理成本。

（4）减少疾病传播。避免了公母羊的直接接触，而且器械经过严格消毒处理，因此可减少相关疾病的传播。

（5）加速品种改良及种质资源保护。极大地提高了公羊配种能力；同时，冷冻精液的运用又使得公羊的精液可长期保存和实现远距离运输，因而可以使优秀公羊的遗传基因迅速扩大，显著提高后代生产性能，从而加速了品种改良，同时对种质资源的保存、利用和交流方面也具有重要作用。

2. 人工授精技术有哪些操作要点?

人工授精技术操作主要有以下要点。

（1）器械与药品的准备。人工授精前应准备好所需的各种器械及药品，如假阴道内胎、假阴道外壳、集精杯、输精枪、金属开膣器以及常用的各种兽医药品和消毒药品等。详细见表 4-3。

表 4-3　羊人工授精站所需器械、药品和用具

器材药品名称	规格	单位	数量
显微镜	400 倍	架	1
药物天平	100g，感量 0.1g	台	1
蒸馏器	小型	套	1
假阴道外壳	羊用	个	4
假阴道内胎	羊用	条	10
假阴道塞子	带气嘴	个	10
金属输精枪	羊用	个	4
集精杯	羊用	个	10
金属开膣器	羊用大、小两种	个	各 2
温度计	0~100℃	支	3

（续表）

器材药品名称	规格	单位	数量
载玻片	0.7mm	盒	2
盖玻片	15mm	盒	4
酒精灯	普通型	个	1
玻璃量杯	50mL、100mL	个	各1
广口玻璃瓶	125mL、500mL	个	各4
烧杯	500mL	个	2
铝锅	带蒸笼	个	1
陶瓷盘	20×30cm、40×50cm	个	各2
长柄镊子	18cm	把	2
剪刀	直头	把	2
吸管	1mL	支	2
玻璃棒	直径0.2或0.5cm	支	各3
试管刷	中号、小号	把	各2
药勺	角质	把	2
滤纸	普通型	盒	2
纱布	普通型	kg	1
药棉	脱脂棉	kg	2
试情布	40×50cm	个	2
脸盆	搪瓷	个	4
肥皂	普通型	块	5-10
酒精	95%，500mL	瓶	5
氯化钠	分析纯，500g	瓶	1
碳酸氢钠	分析纯，500g	瓶	2
白凡士林	1 000g	瓶	1

（2）公、母羊的准备。配种前1~1.5个月，要对参加配种的公羊进行精液品质检查，掌握相关公羊精液品质情况；受配母羊要分群饲养，防止公、母羊混群偷配；同时要加强对公、母羊的饲养管理。

在配种前，应对受配母羊群进行发情鉴定（试情公羊法结合外阴观察法），及时将发情母羊选出来。

（3）采精及精液品质检查。

① 采精。采精前应对所有用于采精及输精的器械进行严格消毒（不能用于高压蒸汽消毒的用酒精消毒，如假阴道内胎）。假阴道内灌注温水时，以采精时假阴道温度达40~42℃为目的。采精时应安排技术熟练的技术人员。

② 精液品质检查。精液品质检查是保证受精效果的一项重要措施，主要检查项目有：射精量、色泽、气味、云雾状、活力和密度等。精液品质检查时要迅速，室温保持在18~25℃为宜，一般公羊精子的活力应在0.6以上才能用于输精。

（4）精液的稀释及输精。

① 精液的稀释。精液稀释不但可以增加配种母羊数量，还可以延长精子存活时间和提高受胎率。若原精液精子密度达1×10^9个/mL（10亿个/mL），活力0.8以上时，可进行10倍稀释；密度达2×10^9个/mL（20亿个/mL），活力0.9以上时，可进行20倍稀释。常见的几种精液稀释液配方见表4-4。

表4-4 几种常见的精液稀释液配方

配方	配制方法/组成	备注
1	氯化钠0.9g溶于100mL蒸馏水中，高压蒸汽灭菌或滤膜过滤灭菌	只能用于即时输精，不能用作保存和运输，稀释倍数以1~3倍为宜
2	乳汁（牛乳或羊乳）用4层纱布过滤后隔水煮沸消毒10~15min，取出冷却除去乳皮即可应用	
3	柠檬酸钠1.4g，葡萄糖3.0g，新鲜卵黄20g（20mL），青霉素10万IU，蒸馏水100mL	可用作保存运输用，分装后，用纱布包好，置于5~10℃保温箱内贮存或运输
4	柠檬酸钠2.3g，氨苯磺胺0.3g，蜂蜜10g，蒸馏水100mL	

② 输精。由于母羊发情时间短，且较难准确掌握发情开始时间，所以实际生产中，当天发现母羊发情就当天配种1~2次（间隔6~8h）。输精时，应先对母羊外阴进行清理并消毒，输精员左手持开膣器，右手持输精器，然后将开膣器轻轻插入阴道，旋转90°后轻轻打

开，并找到母羊子宫颈；然后将输精器前端插入子宫颈内 0.5～1.0cm，用拇指轻轻按压活塞，注入原精液 0.05～0.1mL 或稀释精液 0.1～0.2mL。如果遇到初配母羊，阴道狭窄而无法通过开膣器打开寻找到子宫颈时，可进行阴道输精，但每次至少输入原精液 0.2～0.3mL。

3. 影响羊人工授精的因素有哪些?

影响人工授精的因素主要有以下三个方面。

（1）种公羊。主要的因素是公羊精液品质，包括精子活力及精子的抗原性。精子活力直接影响着母羊受胎率，同时因为精子具有抗原性，其进入母羊体内后会被中性细胞和巨噬细胞吞噬，从而造成母羊不孕。

（2）母羊。母羊的发情时间是影响人工授精受胎率的重要因素，一般母羊发情持续时间短，如错过最佳配种时间就会导致母羊受胎率低，一般母羊发情 12～15h 后即可输精。

（3）人工授精技术。输精器械的消毒与否、输精位置是否准确都是影响人工授精的重要因素。器械不消毒和输精位置在子宫颈外等都会导致低的受胎率。

4. 如何提高羊人工授精的受胎率?

（1）做好精液品质检查。在输精前要对精子活力、密度等进行快速检查，一般精子活力在 0.7 以上的才用于输精。同时，要保证输精量，一般每次输入的精液中含原精液量要求不低于 0.05～0.1mL（即含有有效精子数不少于5 000万个）。

（2）把握好输精时间。准确掌握母羊发情时间是提高受胎率的重要因素，根据研究，母绵羊应在发情中期或后半期输精（发情开始后 15～17h），山羊则最好在发情开始后约 12h 输精。但在实际生产中很难掌握母羊准确的发情时间，所以通过试情公羊找出发情母羊后，应随即对其进行输精，相隔 10～12h 再输精 1 次。

大部分羊品种属于季节性发情，其发情配种效果以秋季最好，春季次之。因此，把握好适时产羔的原则，以防止酷暑和寒冬造成的中暑和营养缺乏性流产，从而提高受胎率。

（3）提高人工授精技术。做好人工授精所需的所有器械的消毒处理，可有效提高围产后期的流产、死胎，提高人工授精受胎率。

将精液输入到母羊子宫颈内的受胎率远远大于阴道输精，因此选择技术熟练的技术人员进行人工授精操作是提高人工授精受胎率的重要因素。

第三节 妊娠和分娩

1. 什么是妊娠？母羊妊娠时间是多少天？

妊娠即怀孕，绵、山羊从开始怀孕到分娩，这一时期称为妊娠期。妊娠期的长短，因品种、多胎性、营养状况等的不同而略有差异。早熟品种妊娠期较短，平均为145d左右；晚熟品种妊娠期较长，平均为149d左右。初产品种、单胎动物产双胎、雌性胎儿及胎儿较大等情况下妊娠期相对较短，多胎品种产胎数多时妊娠期缩短。相关绵、山羊品种平均妊娠期见表4–5。

表4–5 几种常见绵、山羊品种妊娠期

品种	中国美利奴羊	小尾寒羊	马头山羊	建昌黑山羊	波尔山羊
妊娠期（d）	151.6±2.31	148.2±2.06	49.68±5.35	149.13±2.69	148.2±2.6

2. 母羊妊娠后有何外部表现？

母羊妊娠后主要有以下外部表现。

（1）体重和膘情变化。母羊妊娠后，新陈代谢旺盛，食欲增进，消化能力提高。因此，妊娠母羊由于营养状况的改善，表现为体重增加，毛色光亮（妊娠诊断的标志之一）。

（2）生殖器官的变化。妊娠初期，阴门紧闭，阴道干涩；妊娠末期，阴唇、阴道水肿，柔软有利于胎儿产出。

（3）体型的变化。妊娠3~4个月时，母羊腹围增大，妊娠后期腹壁右侧较左侧更为突出，乳房胀大。

（4）行为的变化。母羊妊娠后性情会变得温顺，行为变得谨慎安稳。

3. 如何计算妊娠母羊的预产期?

山羊妊娠期为 141～159d，平均为 150d；绵羊妊娠期为 140～158d，平均为 150d。预产期计算方法：配种月份加 5，配种日期减 2。如果遇到月份加 5 大于 12 时，应减 12 所得数为预产月份，预产日计算方法相同。

4. 如何防止妊娠母羊流产?

造成怀孕母羊流产的原因主要来自两方面，一是饲养管理不当，二是疫病。做到以下几个方面可有效防止怀孕母羊流产。

（1）保证营养供给，防止营养缺乏流产。营养不足，日粮中缺乏某种营养物质，常会导致营养性流产。因此必须满足其对营养的需要，特别是蛋白质饲料，维生素 A、D、E 及矿物质钙、磷、碘、铜、锰、钴、硒等均与胚胎发育密切相关。

（2）保证饲料质量，防止饲料问题导致流产。不喂霉烂或酸性过大的饲料，不喂冻饲料，不饮冰冷水。特别是在怀孕后期不能饲喂酒糟、带芽马铃薯和菜籽饼、棉籽饼等有毒饲料。

（3）细心管理，防止管理性流产。将妊娠母羊单独组群饲养，防止妊娠母羊随大群时被顶撞、挤压或摔倒，在出入门口时应防止其互相拥挤，严禁踢打或惊吓。同时，做好气候观察，严禁不良天气外出放牧。羊舍要有运动场，同时保持清洁干燥，满足孕羊的适当运动，以增强其体质和抗病能力。

（4）注意防病及用药，防止药物引起流产。切实搞好防疫，有病及时治疗，但要合理安排疫苗注射时间，尽量做到不在怀孕后期进行防疫处理，严禁孕羊药浴等，用药时禁止投喂大量泻剂、利尿剂、子宫收缩剂或其他烈性药，以免因用药而引起流产。

5. 母羊临产前有哪些征兆?

（1）乳房的变化。临产前，母羊乳房肿大，稍现红色而发亮，乳房静脉血管怒张，触之有硬肿感，乳头直立，此时可挤出初乳，也有个别母羊在分娩后才能挤出。

（2）外阴部的变化。临近分娩时，母羊阴唇逐渐柔软、肿胀，皮肤上的皱纹消失，越接近产期越表现潮红。阴门容易开张，卧下时更加明显。生殖道黏液变稀，牵缕性增加，子宫颈黏液栓也软化。

（3）盆骨韧带的变化。在分娩前1~2周开始松弛。

（4）行为的变化。临近分娩时，母羊行动困难，排粪、排尿次数增多；起卧不安，不时回顾腹部，或喜卧墙角，卧地时两后肢向后伸直。放牧羊只有离群现象，以找到安静处，等待分娩。

6. 如何进行助产接羔?

在母羊产羔过程中，非必要时一般不应干扰，最好让其自行娩出。如遇初产母羊因盆骨和阴道较为狭小，或双胎母羊在分娩第二头羔羊并已感觉疲乏的情况下，这时需要助产。方法是：人在母羊体躯后侧，用膝盖轻压其肷部，等羔羊嘴端露出后，用一手向前推动母羊会阴部，羔羊头部露出后，再用一手托住头部，一手握住前肢，随母羊努责向后下方拉出胎儿。若属胎势异常或其他原因难产时，应及时请有经验的畜牧兽医技术人员协助解决。

7. 母羊难产时应如何处理?

母羊难产一般是由于初产母羊骨盆狭窄、阴道狭窄、阵缩及努责无力、胎儿过大、胎位不正引起的。

（1）胎儿过大。确定胎儿过大时，应进行助产，需要对母羊阴门实施扩张术。一般情况下，接羔人员可抓住胎儿的两前肢，随母羊努责节奏，轻轻向下拉，母羊不努责时，再将拉出部分送进去，母羊再次努责时，再按同样的方法向外拉，如此反复三四次后，阴门就会有所扩张。这时，接羔人员一手拉住羔羊两前肢，一手扶着羔羊的头顶部，另一人护住母羊阴门，伴随着母羊的努责缓慢用力将胎儿拉出体外。

（2）胎位不正。常见的胎位不正有后位、侧位、横位、正位异常等情况。

① 后位。也叫倒生，即胎位臀部对着阴门后，后肢和臀部先露出。这种情况很难将其调整为正位生产，可顺着母羊的阵缩和努责，将胎儿送回子宫，让两后肢先出，接羔人员一手抓住胎儿两后肢，一手护住阴门，随着母羊努责节奏，将胎儿顺势缓慢用力拉出体外。

② 侧位。侧位又有前左侧位、前右侧位及后左侧位和后右侧位之分。前左、右侧位是指胎儿头朝前，左或右肩膀先露出。可顺着母羊的阵缩和努责，将胎儿送回子宫调整为正位，自然或人工助产产出；左、右后侧位的，可顺着母羊的阵缩和努责，将胎儿送回子宫调整为后位，再以后位的方法进行助产将胎儿产出。

③ 横位。即胎儿横在子宫内，背部或腹部对着阴门口，背部或腹部先露出阴门。横位的难产死亡率很高，必须马上进行处理。解决横位的办法是，随着母羊的阵缩和努责，将胎儿送回子宫，外加子宫内进行人工调整为正位或后位，再以正位或后位的方法进行人工助产即可。

④ 正位异常。是羔羊正位的一种异常状态，有俯位、仰位及肢前头后与头前肢后四种形式。正位异常的助产原则是：顺着母羊阵缩规律，将胎儿推回子宫，纠正为正位，然后让其自然或人工助产产出。

（3）特殊情况的处理。在上述情况下，所有助产措施均失败、危及母仔生命时，应立即采取剖腹产手术，力保母仔平安。在无法保证两全其美时，应坚持以下取舍原则：初产年轻母羊先保母后保仔；老年母羊先保仔后保母；胚胎移植良种羊，先保仔后保受体母羊。

8. 产后母羊和初生羔羊应如何护理？

产后羔羊的护理总的来说就是要做到三防、四勤，即防冻、防饿、防潮和勤检查、勤配奶、勤治疗、勤消毒。

（1）产后羔羊的护理。

① 母羊及羔羊均健壮，且母羊恋羔性强时，一般让母羊将羔羊身上的黏液舐干，羔羊自己吃上初乳或帮助其吃上初乳后，放其在分

娩栏内或室内均可。若在高寒地区，还应注意防寒保暖。

② 当母羊营养状况差、缺奶、不认羔、羔羊发育不良时，应对羔羊精心护理。注意保暖、配奶、防止踏伤、压死。出生后，先擦干身上黏液，配上初奶，然后将母羊与羔羊放在分娩栏内。同时，每天要勤配奶，每次吃奶要少，次数要多，直到母仔相认，羔羊能自己吃上奶时再放入母仔群。对于缺奶和双胎羔羊，要另找保姆羊进行饲养。同时，还应注意防寒保暖。

③ 对于病羔，要做到勤检查，早发现，早治疗，特殊护理。不同疾病采取不同的护理方法，注射、投药要按时进行。一般体弱拉稀羔羊，要做好保温工作；对患肺炎羔羊，住处不宜太热；积奶羔羊，不宜多吃奶。

（2）产后母羊的护理。产后母羊应注意保暖、防潮、避风、预防感冒、保证休息。产后头几天应给予质量好、易消化的饲料，但是量不易过多、经 3d 后饲料即可转为正常。

第四节　繁殖新技术的应用

1. 羊常用的同期发情方法有哪些？

（1）孕激素法。目前，孕激素的给药方式主要有皮下埋植、阴道栓塞和口服等，其中以皮下埋植和阴道栓塞较为常用。用孕激素制剂处理（阴道栓或埋植）母羊 10～14d，停药时再注射孕马血清促性腺激素（PMSG），一般经 30h 左右即开始发情，然后放进公羊或进行人工授精。阴道海绵栓比埋植法实用，一般在 14～16d 后取出阴道栓，当天注射 PMSG 400～750IU（根据个体年龄、大小决定），2～3d 后被处理的母羊即开始发情。常用的孕激素种类及用量见表 4-6。

表 4-6　常用孕激素种类及用量

种类	甲孕酮（MAP）	氟孕酮（FGA）	孕酮	18-甲基炔诺酮
用量（mg）	50～70	20～40	150～300	30～40

下面以阴道栓法同期发情步骤进行介绍。

① 放栓。准备好放栓用导管。导管质地是有机玻璃或 PVC 管，外围直径 2~3cm，同时准备一推杆（图 4–1）。将工具浸泡在消毒液

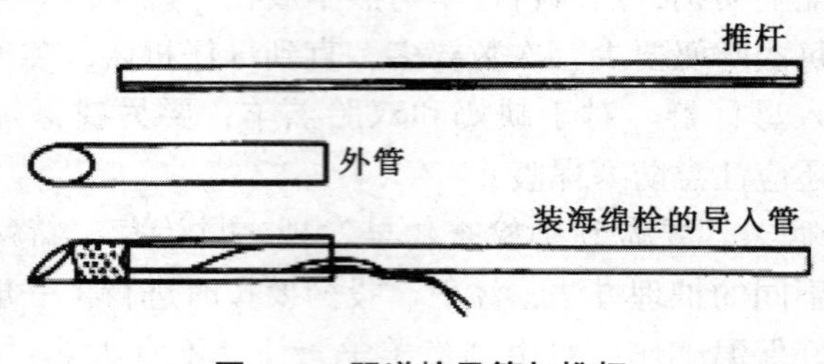

图 4–1　阴道栓导管与推杆

中，彻底消毒。将海绵浸以孕激素制剂溶液（与植物油相混），置于导管斜口宽面，细线位于另一端，用推杆推入斜口外，细线留在管外。导管连同推杆向阴道上壁倾斜 20° 角（避免塞进尿道），塞至子宫颈外口处，深度为 10~15cm。对母羊应有人保定，放栓时母羊自然站立，羊努责时不能强行塞进，防止损伤阴道壁。先小心退出导管，再退出推杆，将细线引至阴门外，外露长度为 5~8cm。可往外小心牵引一下细线，确保栓在阴道内（图 4–2）。导管连同推杆消毒后，才可对第 2 头母羊放栓。处女母羊阴道狭窄，应用导管有困难，可以改用消毒的长柄钳，或直接用手指将阴道栓放入。

② 取栓。栓放置 14~16d 后取出。捏住细线，缓缓向后拉，直至取出阴道栓。取栓时，如阴道内有异味黏液流出，属正常情况。如果有血、脓，则说明阴道有破损或感染，应立即用抗生素处理。阴道栓一般很少脱失。取栓时，阴门外不见有细线，可以借助开膣器观察，确保阴道内的栓取出。阴道栓取出后，不能随地乱扔，应集中收集后焚烧。

CIDR 是近年来出现的一种新的同期发情器具，主要成分是硅胶制品，含有孕酮，具有阴道海绵栓同样的效果。

（2）前列腺素法（PGF2α）。用前列腺素使黄体溶解，中断黄体期，从而提前进入卵泡期，使发情提前。目前，PGF2α 处理可分为一次处理法和两次处理法。具体方法如下：即直接按羊适用剂量肌注

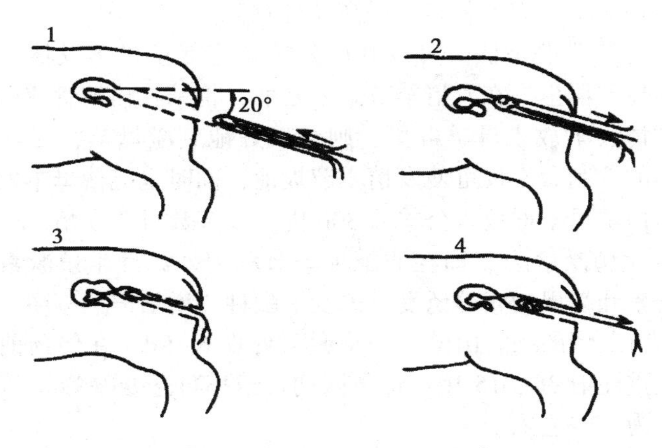

图 4-2　放置阴道栓示意

前列腺素，每只每天 2 次。前列腺素只对卵巢上存在黄体的母羊有效。一般在发情后的 10~15d，在每只羊颈部肌内注射 2mL 含 0.2mg 的氯前列烯醇制剂，1~5d 内可获得 90%以上的同期发情率。由于 PGF2α 药物可引起妊娠母羊流产，所以在使用前认真对母羊进行妊娠检查，以避免流产。

（3）孕激素与前列腺素结合使用法。孕激素结合 PGF2α 的处理方法，可以缩短处理时间，解决孕激素处理时间过长而引起情期受胎率低的问题。处理时，首先用孕激素制剂处理 5~7d 或 9~10d，然后在结束处理的前 1d，肌内注射 1 次 PGF2α 药物。该法的同期发情和情期受胎率均较理想。

2. 羊如何进行诱导发情？

在非繁殖季节或繁殖季节，由于季节、环境、哺乳等原因造成的母羊在一段时间内不表现发情，这种不发情属于生理的乏情期。在这期间，母羊垂体的促卵泡素和促黄体素分泌不足以维持卵泡的发育和促使排卵，因而卵巢上既无卵泡发育，也无黄体存在。借助外源激素或其他方法引起母羊正常发情并进行配种。

诱导发情不但可以控制母羊的发情时间，缩短繁殖周期，增加产羔频率，提高繁殖率，而且可以调整母羊的产羔季节，羔羊按计划出栏，按市场需求供应羔羊肉，提高经济效益。

（1）生物学刺激法。可以利用公羊效应促使母羊发情。在与公羊隔离的母羊群里，在发情季节到来之前，将结扎输精管或行阴茎移位术的试情公羊放入母羊群里，则会较好地刺激母羊，使其提前发情。公羊的性刺激不仅可使发情季节提前，同时也能使母羊发情趋于同期化。山羊母羊群放入公羊后 30d 内，大多数母羊发情。

（2）生殖激素法 。即在非配种季节利用外源性生殖激素，如孕酮、催产素和褪黑激素等诱发母羊发情配种，增加产羔频率。在非发情季节内对乏情的绵、山羊，用孕激素处理 6~9d，在停药前 48h 按每千克体重注射 eCG 15 IU，母羊同期发情率可达 95%以上，第一情期受胎率为 70%左右。

也可用上述的羊常用的同期发情方法，如孕激素法进行诱导发情。

（3）哺乳性乏情的处理。控制母羊哺乳期，可使母羊早日恢复性周期活动，缩短产羔间隔。早期断奶的时间，可根据不同的生产需要、断奶后羔羊的饲养条件和管理水平等确定。早期断奶的时间不宜过早，因为人工乳配制费用大，成本较高，故一般于产后 2. 5~3 月龄断奶。羔羊适当提早断奶，既利于羔羊发育，提高断奶体重，又利于母羊抓膘配种，提高繁殖力。

产后 1 个月以上的泌乳母山羊，在耳背皮下埋植 60mg 18-甲基炔诺酮，维持 9d。在取出药管前 48h，肌内注射 eCG 15 IU/kg 体重，与此同时，再以 2mg 溴隐亭间隔 12h 做两次注射。当母羊发情时再以 LRH 10μg/只做静脉注射并给予配种，可以使诱导发情率达到 90%以上。

3. 养羊生产中冷冻精液技术有什么意义作用?

（1）高度发挥优良种公羊的利用率。制作冷冻精液可使一只优秀种公羊年产 8 000头份以上的可供授精用的颗粒冻精，或可生产 0. 25 型细管冻精 10 000枚以上。

（2）不受地域限制，充分发挥优秀种公羊的作用。由于优秀公羊的精液是在超低温下保存，因此就可以将其运输到任何一个地区为母羊输精，如此就不需要再从异地引进公羊活体。

（3）不受种公羊生命的限制。在优秀公羊死亡后，仍可用其生前保存下来的精液输精产生后代，如此就可以将最优秀或育种值最高的种羊遗传资源长期保存下来，随时取用。这对绵、山羊的遗传育种和保护工作具有重大的科学价值。

（4）可同时获得多个后代。通过冷冻精液的人工授精，一头公羊可同时配种多个母羊，以此获得较多的后代，便于早期对后备公羊进行后裔鉴定。

（5）降低成本，提高经济效益。通过引进冷冻精液人工授精，可节约大批因引进种公羊和种公羊的饲养管理费用。

4. 如何进行冷冻精液生产与保存?

（1）冷冻精液生产。羊冻精生产主要方法有颗粒精液冷冻技术与细管精液冷冻技术两种。

① 颗粒精液冷冻技术。主要方法有干冰滴冻法（即将精液直接滴在干冰面上的小凹内冷冻），或者用液氮熏蒸铝板或氟塑料板，然后将精液滴在板面上冷冻。颗粒的大小一般在 0.1mL 左右。下面简单介绍氟板法：初冻温度为-100～-90℃，将液氮盛入铝盒做的冷冻器中，然后将氟板浸入液氮中预冷几分钟（至氟板不沸腾为准），将氟板取出平放在冷冻器上，氟板与液氮面距离约 1cm，再加盖 3min 后取开盖，按每颗粒 0.1mL 剂量滴冻，滴完后再加盖 4min，然后将氟板连同液氮一起浸入液氮中，并分装保存于液氮中。

② 细管精液冷冻技术。需全自动细管冻精设备，成本高昂，此处不作详细介绍。

（2）冷冻精液保存。

① 质量检测。每批制作的冷冻颗粒精液，都必须抽样检测，要求精子活率应在 0.3 以上，每颗粒有效精子在 1 000万个以上，否则不得入库贮存。

② 分装。颗粒冻精一般按 30～50 粒分装于 1 个纱布袋中。

③ 标记。每袋颗粒精液必须标明公羊品种、公羊耳号、生产日期、精子活率及颗粒数量，再按照公羊号将颗粒精液袋装入液氮罐提

桶内，浸入液氮罐内贮存。

④ 贮存。贮存冻精的液氮罐应放置在干燥、凉爽、通风和安全的库房内，由专人负责，每5~7d检查1次罐内液氮容量，当剩余的液氮为容量的2/3时，须及时补充。如发现液氮罐外壳有小水珠、挂霜或液氮消耗过快时，说明液氮罐的保温性能差，应及时更换。

⑤ 分发、取用。取用冷冻精液应在广口液氮罐或其他容器内的液氮中进行。冷冻精液每次脱离液氮的时间不得超过5s。

⑥ 记录。每次入库或分发，或耗损报废的冷冻精液数量及补充液氮的数量等，须做到如实记录，并做到每月结算1次。

5. 胚胎移植的基本原则是什么？

胚胎移植有以下原则。

（1）胚胎移植前后所处环境的一致性。即胚胎移植后的生活环境和胚胎发育阶段相适应。包括生理上的一致性（即供体和受体在发情时间上的一致性）和解剖部位上的一致性（即移植后的胚胎与移植前所处的空间环境的相似性）以及种属一致性（即供体与受体应属于同一物种，但不排除种间移植成功的可能性）。

（2）胚胎发育阶段适宜。胚胎移植的理想时间应在妊娠识别发生之前，通常在供体发情配种后3~7d内采集胚胎，受体也在相应的时间接受胚胎移植。

（3）胚胎质量的保证。只有发育正常的胚胎移植到受体后才能与受体子宫顺利进行妊娠识别和胚胎附植，最终完成个体发育。低劣胚胎移植后，在发育中死亡，导致妊娠识别失败、早期胚胎丢失或流产。

（4）考虑经济效益与科学价值。通常供体胚胎应具有较高的经济价值，如供体生产性能优秀或所产胚胎具有重大科研价值，受体生产性能一般，但繁殖性能良好，能够完成移植胚胎后的后期发育。

6. 胚胎移植的操作流程有哪些？

（1）供、受体羊的准备。

① 供体羊的选择和饲养管理。选择品种优良、生产性能好，遗

传性稳定，谱系清楚，体质健壮，繁殖机能正常，有两个以上完整的发情周期，无遗传和传染性疾病，年龄在2~7岁的空怀母羊为供体羊。

供体羊的饲养环境卫生、干燥、棚舍温度适宜。制定合理的日粮配方，保证营养和清洁饮水的需要。

② 受体羊的选择及饲养管理。选择健康、有两个以上完整发情周期，无繁殖机能疾病，经检疫无传染疾病，经产的空怀母羊为受体羊。

受体羊单独组群加强饲养，保持环境相对稳定，做好发情鉴定，避免应激反应。

（2）供体羊超数排卵及配种。

用于超数排卵的激素有FSH（垂体促滤泡素）LH（促黄体生成素）和PGF2α（氯前列烯醇）。在放阴道栓的第（12~13）d，在羊颈静脉用递减法共注射促卵泡素（FSH）333~400IU，共注射3~4d。在第三天时取栓，注射前列腺素0.2mg，观察发情。第一次配种时静脉注射LH 100IU。多次配种可使不同时间排出的卵细胞受精。

（3）手术法冲卵及胚胎质量鉴定。

按外科剖腹术的要求进行术前准备。手术部位位于右肋部或腹下乳房至脐部之间的腹白线处切开。伸进食指找到输卵管和子宫角，引出切口外。如果在输精后3~4d期间采卵，受精卵还未移行到子宫角，可采用输卵管冲卵的方法。将一直径2mm，长约10cm的聚乙烯管从输卵管腹腔口插入2~3cm，另用注射器吸取30℃左右冲卵液5~10mL，连接7号针头，在子宫角前端刺入，再送入输卵管峡部，注入冲卵液。穿刺针头应磨钝，以免损伤子宫内膜；冲洗速度应缓慢，使冲洗液连续地流出。如果在输精后5d收胚，还必须做子宫角冲胚。即用10~15mL冲卵液由宫管结合部子宫角上部向子宫角分叉部冲洗。为了使冲卵液不致由输卵管流出，可用止血钳夹住宫管结合部附近的输卵管，在子宫角分叉部插入回收针，并用肠钳夹住子宫与回收针后部，固定回收针，并使冲卵液不致流入子宫体内。

将收集的冲卵液于37℃温箱内静置10~15min。胚胎沉底后，移去上层液。取底部少量液体移至平皿内，静置后，在实体显微镜下先在低倍（10~20 倍）下检查胚胎数量，然后在较大倍数（50~100 倍）下观察胚胎质量。根据胚胎的质量将其分为 A、B、C 三级。A 级胚胎，细胞（卵裂球）外形整齐，大小一致，分布均匀，外膜完整。A 和 B 级可作移植用，称作可用胚。A 级胚胎可冷冻保存。C 级胚胎（外膜破裂、卵裂球破裂等）或未受精卵为不可用胚，不能用于移植。

（4）胚胎移植。

移植前准备好器械、药品、受体。如用冻胚，首先要解冻。胚胎解冻方法应根据胚胎冷冻方法而定，一般采取的方法从液氮罐中取出胚胎，在 3s 内投入 38℃水浴，浸 10s 钟，用 70%的酒精棉球擦拭塑料吸管和剪刀，剪去棉塞端，与 1mL 注射器连接。再剪去细管的另一端，在室温下将胚胎推入 10%甘油和 0. 3Mol/L 的蔗糖 PBS 解冻液中，放 5min 后依次移入 6%、3%和不含有甘油的蔗糖 PBS 解冻液中，各停留 5min，最后移至 PBS 保存液中镜检待用。

现在山羊的胚胎移植中普遍采用的是手术法移植。先在受体乳房一侧作一平行于腹中线的切口，暴露输卵管及子宫角，再将胚胎注入输卵管或子宫角。当移入输卵管时，将毛细移胚管的尖端通过输卵管伞插到壶腹部，注入含有胚胎的培养液 1~2 滴；若移入子宫角，可先用钝针头刺破子宫角壁，然后将毛细管从针孔插入子宫腔，注入含胚胎的培养液。经子宫回收的胚胎，应移入子宫角前 1/3。经输卵管回收的胚胎，必须移入输卵管。

子宫内移植时，在黄体侧子宫角前 1/3 避开血管把移植针穿入，摆动针头，确认针头在子宫腔时注入胚胎。输管卵移植时，先把黄体侧的输卵管引出，在输卵管伞部找到喇叭口，将吸有胚胎的移植器械由喇叭口插入 2cm，注入胚胎。无论是子宫内移植还是输卵管移植，均严禁把空气注入。移植完毕将生殖器官送回腹腔，缝合腹壁创口。

按表 4-6 做好受体移植记录。

表 4-6　受体移植记录

编号	受体耳号	品种及年龄	移植地点	发情时间	移植时间	冻胚	鲜胚	胚龄、质量、数量	产羔情况	备注

（续表）

编号	受体耳号	品种及年龄	移植地点	发情时间	移植时间	冻胚	鲜胚	胚龄、质量、数量	产羔情况	备注

（5）移植后受体羊的饲养管理。

移植后的前3d，应连续对受体羊每天两次注射青霉素或链霉素进行消炎，以防感染，且注意减少对其的应激，以防止隐性流产。移植后的母羊一般不进行疫苗注射。饲养管理中，注意补充足量的维生素和微量元素，且做好妊娠诊断工作。

7. 影响胚胎移植效果的因素有哪些？

影响羊胚胎移植效果的因素分为影响超排效果和影响受体羊妊娠效果两个方面因素。

（1）影响超排效果的因素。影响羊超排效果的因素主要有以下几点。

① 超排药物和超排方法。超排所用的激素种类、剂量、效价、投药时间和次数以及药物保存方法和处理程序均会影响超排效果。

② 个体差异。羊的品种、年龄和营养状况等均会影响超排效果。

③ 季节。相关研究表明，春季（3月）超排效果最低，秋季（9月）最高。

④ 供体自身的FSH水平。有关研究表明，FSH在卵泡形成过程中具有能刺激颗粒细胞的分裂和卵泡液的形成等作用。

（2）影响受体羊妊娠效果的因素。

① 超排技术。超数排卵可为胚胎移植受体提供优质、丰富的胚源，保证优良母羊发挥最大的繁殖潜能。

② 移植胚胎的质量。选择形态结构完整紧凑、轮廓清楚、呈球形、分裂球大小均匀、色调和透明度适中及无附着的细胞和液泡等特

征的一级（A 级）或二级（B 级）胚胎进行移植。

③ 供体、胚胎与受体的同期化程度。供、受体之间的子宫内膜要与胚胎的发育相同步。即供、受体发情时间上要同期，或移植的胚胎日龄与受体发情时间同步，一般供、受体发情同步差为±1d 最理想。

④ 移植胚胎的数目。一般认为，妊娠率与移植的胚胎数呈正相关。据研究，单侧移植 2~3 枚效果最佳，但需考虑受体羊的体况及哺乳能力。

⑤ 操作技术。胚胎移植的手术操作要求熟练、稳重、轻巧、速度适宜。

⑥ 术后受体羊的饲养管理。移植后受体羊的营养状况、各种应激如频繁抓羊、剧烈驱赶等均可增加受体羊流产率。

⑦ 其他。受体羊本身的黄体发育与孕酮含量、冷冻胚胎解冻剂与脱防冻剂的类型、胚胎移植的季节和胚龄等因素都不同程度影响胚胎移植的成功率。

第五节　提高繁殖力的途径

1. 羊常用的繁殖性能指标有哪些?

（1）公羊。

公羊评定繁殖性能的指标有：射精量、精子活力、精子密度、初情期、性成熟期、性欲强弱、交配能力、使用年限等。

（2）母羊。

① 受配率。受配率指某年度内参加配种的母羊数占羊群内适龄繁殖母羊数的百分比，即受配率（%）＝（配种母羊数÷适龄母羊数）×100。

② 受胎率。受胎率指某年度内配种后妊娠母羊数占参加配种母羊数的百分比，即受胎率（%）＝（受胎母羊数÷配种母羊数）×100。

③ 产羔率。产羔率指产羔数占分娩母羊数的百分比，即产羔

率（%）=（产出羔羊数÷分娩母羊数）×100。

④ 羔羊成活率。羔羊成活率指在本年度内，断奶成活的羔羊数占本年度内出生羔羊的百分比，即羔羊成活率（%）=（成活羔羊数÷产出羔羊数）×100。

⑤ 繁殖成活率。繁殖成活率指年度内断奶成活的羔羊数占本年度内羊群内适龄繁殖母羊数的百分比，即繁殖成活率（%）=（断奶成活的羔羊数÷适龄繁殖母羊数）×100。

2. 怎样提高羊群的繁殖力?

要想有效提高羊群的繁殖力应从以下几个方面进行。

（1）选择优质种羊。

① 种公羊的选择。公羊的繁殖力可影响其后代，高繁殖力的父代公羊，其后代繁殖力也高。因此要选择品质好、繁殖力强的种公羊，以提高群体遗传素质。主要选择指标有：生长发育、体型外貌、生产性能、睾丸大小、精液品质等。

② 母羊的选择。充分利用多胎品种，选择高产优质的母羊品种繁殖力，如小尾寒羊、湖羊、大足黑山羊、济宁青山羊等，其产羔率可达200%~300%。因此，可引进高产品种进行杂交改良，并通过不断的选育，可有效提高整个羊群的繁殖力。

（2）加强饲养。

营养条件对公羊、母羊的繁殖能力水平有很大的影响。充足而完全的营养，可以提高公羊的性欲，提升精液品质，同时可以促进母羊的发情和排卵数的增加。

① 公羊的饲养管理。种公羊应保持其健壮、中等以上膘情的种用状况，以此保证其在配种期性欲旺盛和良好的精液品质。具体如下：（a）保证良好的营养水平；（b）保证适当的运动量；（c）配种期，增加额外的营养；（d）控制配种次数，最好每天 1 次，连续 2 天间隔 1 天。

② 母羊的饲养管理。母羊配种前的膘情和体重对多胎性有较大影响，保证饲养水平，提高其配种前的体重，可有效增加其排卵数，并提高受胎率和多胎性。建议孕前补饲，实行满膘配种。在配种前一

个多月左右对母山羊补充适量的精料，配方为干草粉 50%，玉米粗粉 20%，麦麸 10%，熟黄豆粉 5%，糠饼 13%，贝壳粉 1.5%，食盐 0.5%。同时充分利用放牧抓膘，实行满膘配种。羊舍应保持冬暖夏凉，向阳避风，不漏雨、不潮湿，并做好清洁消毒工作。同时，应注意保胎，尽量减少应激。

③ 羔羊的饲养管理。羔羊分娩后 1~2 小时要吃足初乳；7~10 天可用吊草把，炒香料让羔羊早诱食，并饲喂切碎青草；15 日龄补喂麦麸，玉米等熟粥；30 天后用精料水拌湿生喂；50 天后添喂豆饼、骨粉、鱼粉等，供足饮水。

（3）保持能繁母羊的适宜比例。

合理的羊群结构，可有效提升群体繁殖力。母羊双羔率随年龄的增长而增长，经过 1~3 年达到最高水平，至 6~7 胎后开始下降。因此，增加适龄母羊在羊群中的比例，是提高羊繁殖力的重要措施。在种羊场，适龄可繁母羊的比例应该提高到 60%~70%，农区一般应控制在 50%以上为宜。

（4）合理配种。

应合理控制母羊、公羊的配种年龄，母羊的初配年龄要求在 10 个月以上，公羊要求在 8 个月左右。对于 1 年产 2 胎的可安排在春秋 2 个季节配种，即每年 10—11 月，次年 3—4 月。对于母羊，其发情持续期短，要适时配种，以防错过情期。在配种季节开始后，1~2 情期配种受胎率最高，其所产羔羊的双羔率也高；同时，配种时要进行多次配种，以增加受胎率。

第五章　羊的营养与饲料

第一节　羊的营养需要与饲养标准

1. 羊的营养需要包括哪些?

羊的营养需要是指羊在维持正常生命健康、正常生理活动和保持最佳生产水平时，对各种营养物质必需的种类和数量，主要包括能量、蛋白质、矿物质、维生素和水分。其中每种营养需要又可分为维持、繁殖、生长、泌乳、育肥、产毛（绒）六个方面。

2. 羊的饲养标准是怎样的?

饲养标准是畜牧业生产实践中积累的经验，结合物质能量代谢试验和饲养试验，科学地规定出不同种类、性别、年龄、生理状态、生产目的与水平的家畜每天每头应给予的能量和各种营养物质的数量，这种为畜禽规定的数量，称为饲养标准或营养需要量。

目前常用的羊饲养标准如下。

（1）美国的绵羊饲养标准。

NRC（1985）修订的绵羊饲养标准，具体规定了各类绵羊不同体重所需要的干物质、总消化养分、消化能、代谢能、粗蛋白质、钙、磷、有效维生素 A 和维生素 E 的需要量。

（2）中国肉羊饲养标准（NY/T 816—2004）。

本标准规定了肉用绵羊和山羊对日粮干物质进食量、消化能、代谢能、粗蛋白质、维生素、矿物质元素每日需要量值。具体可查阅肉羊饲养标准（NY/T 816—2004）。

（3）美国安哥拉山羊的饲养标准。

美国安哥拉山羊的饲养注重三个关键时期：①从羔羊断奶到18月龄配种前，母羊体重必须达到27.0kg以上，否则初配母羊的受胎率低、流产率高；②母羊在配种前、后2~3周进行补饲，保证母羊的营养需要；③母羊在妊娠期90~120d，胎儿生长发育快，必须保证母羊的营养需要，否则会导致营养性流产。

（4）前苏联绵羊的饲养标准。

在前苏联绵羊的饲养标准中，按性别、年龄、产品方向等单独列表。表内具体规定了各类绵羊不同体重（幼龄羊包括平均日增重）所需要的饲料单位、代谢能、干物质、粗蛋白质、可消化蛋白质、常量和微量矿物质元素、维生素D、胡萝卜素的需要。对种公羊还列了维生素E的需要量。但此饲养标准是在舍饲条件下制定出来的，对放牧饲养的绵羊，由于放牧行走，增加了能量消耗，其饲养标准应提高15%~20%；高产母羊和育成羊（净毛量2.3kg以上）对营养物质的需要标准应提高12%~15%。

第二节　羊常用饲料成分及营养特性

1. 生态养羊常用的饲料分为哪几类？

羊的饲料种类繁多，营养价值各异，为了更加合理地利用，将其分为粗饲料、青绿饲料、青贮饲料和精料4类。干物质中粗纤维含量≥18%的饲料都属于粗饲料，包括青干草、秸秆、秕壳、树叶类和糟渣类，在羊的饲料中占的比重大，通常作为基础饲料。自然水分含量大于60%的青绿多汁饲料为青绿饲料，主要有苜蓿、红豆草、羊草、黑麦草、高丹草等。青绿饲料水分含量高，干物质少，养分含量低，能量低，蛋白质含量较高，品质较好，有助于消化，羊对青绿饲料有机物质、粗蛋白的消化率高达75%~85%。青贮饲料是指青绿饲料或农作物秸秆类在密封的青贮窖、塔、壕、袋中，利用乳酸菌发酵而制成的饲料。青贮饲料能基本保存原料的营养成分，尤其是蛋白质和维生素。此外，青贮方法操作简便、可靠而经济，是解决羊常年均衡供应青绿多汁饲料的有效措施。最后，羊生长发育快，日粮中除了供给一定的粗饲料外，还应补充富含能量和蛋白质的精料。精料由能量饲料、蛋白质饲料、矿物质饲料、饲料添加剂等组成。

2. 生态养羊对各类饲料有何要求?

饲料是发展生态养羊业的物质基础，饲料中各种营养物质为维持羊只的正常生命活动和最佳生产性能所必需，但是饲料中的有毒有害成分对羊只健康和生产力、羊产品的安全和卫生、公共卫生环境的影响，不仅关系到生态养羊业的发展，还关系到人类自身的健康和生存环境。为此，生态养羊要求饲料原料具有该品种应有的颜色、气味和形态特征，无发霉变质、结块及异臭，青绿饲料、干粗饲料不应发霉变质。所使用的饲料其有毒有害物质及微生物允许限量应符合《饲料卫生标准》（GB13078—2017）的规定。所选的饲料添加剂应该是农业部允许使用的饲料添加剂品种目录中所规定的品种和取得批准文号的新饲料添加剂品种，是取得饲料添加剂产品生产许可证企业生产的、具有产品批准文号的产品。禁止使用任何药物性饲料添加剂以及激素类、安眠药类药品。配合饲料、浓缩饲料、精料补充料和添加剂预混料中的饲料药物添加剂使用应遵守《饲料添加剂安全使用规范》。饲料中不得添加《禁止在饲料和动物饮水中使用的药物品种目录》中规定的违禁药物。

3. 如何使用羊常用饲料营养成分表?

羊常用饲料营养成分表是养殖者设计饲料配方的主要依据，是选择饲料种类的重要参考，但是由于各地区原料的变异，如何合理使用羊常用饲料营养成分表中数据成为生产中的一大难题。此外，不同的营养成分表给出的参考数值，数字变异可能很大，因此，建议在实际应用中应做到：① 对一些易于测定的指标，如粗蛋白质、水分等最好进行实测；② 对于一些难于测定的指标，如能量、氨基酸等，可参照国内的数据库，但此时必须注意样品的描述，只要样本描述相同或相近，且与易于测定的指标（如粗蛋白质、水分等）与实测值相近时才能加以引用；③ 对于维生素和微量元素等指标，由于饲料种类、生长阶段、利用部位、土壤及气候等因素影响较大，主原料中的含量可不予考虑，而作为安全剂量。

4. 青绿饲料喂羊应注意哪些问题？

青绿饲料含有丰富的粗蛋白质、维生素和矿物质，适口性好，消化率高，对羊的健康和生产力有良好的作用。但是，有些青绿饲料水分含量高达85%左右，而每千克干物质仅含消化能1.25～2.51MJ。因此，仅靠青绿饲料作为羊的日粮是难以满足其热量需要的，必须配合其他含能量较高的饲料。此外，青绿饲料水分含量高，体积大，吃后有饱涨感，但干物质及其他养分的摄入量不足，有碍于羊生长肥育潜力的发挥，所以在养殖中一定要喂量适中。

利用天然牧草和人工栽培牧草时还应注意适时利用和合理放牧。在抽穗开花前利用牧草比较合适，因这时牧草正处于生长旺盛期，幼嫩多汁，蛋白质含量高，粗纤维和木质素含量比较少，还含有多种维生素和钙、磷，容易消化，产草量也高。过牧是牧草退化的一个主要原因，而轻牧、放牧过少也不好，为了合理利用草场，应实行划区轮牧的方法。

除以上介绍的注意事项外，在养殖中，给羊饲喂青绿饲料时，最好是按羊需要量新鲜供给，在堆贮条件下，青绿饲料易发热、发酵，大部分维生素和蛋白质变性、活性下降、甚至被破坏，而茎叶中所含的一些非蛋白氮，如硝酸盐可形成亚硝酸盐。如果羊采食了含有亚硝酸盐的青绿饲料，轻则发生腹泻，重则发生亚硝酸盐中毒，严重的会导致死亡。最后，玉米、高粱返青幼苗不要喂羊。因为玉米、高粱的绿苗含有一种氰的配糖体，羊食后，在体内会产生氢氰酸而引起中毒。

第三节　饲料的加工调制与贮存

1. 青干草应如何调制加工？

调制优质青干草，刈割期是前提，干燥速度是关键，合理收贮是保证。

（1）适时刈割。牧草刈割既要考虑牧草的生物产量，又要兼顾养分含量。过早或过晚刈割都不可取。过早刈割，营养成分高，生物产量低；过晚刈割，生物产量高，营养成分低。豆科牧草的刈割期应在现蕾至初花期，这时茎叶营养成分含量高，纤维素含量低，生物产量和营养成分俱佳。禾本科牧草的刈割期是抽穗到初花期。盛花期过后粗纤维含量明显增高，粗蛋白质含量下降，草质变劣。在实际生产中还要根据晾晒条件和天气情况适当调整收获期，在自然干燥条件下，为了便于晾晒，应考虑适当提前或延后刈割，以避开雨季。

（2）科学干燥。刈割后的青绿牧草含水量在75%~90%，使其含水量迅速下降到17%以下，达到安全含水量标准的干燥过程是调制干草的关键技术环节。牧草干燥分为自然干燥和人工干燥两种方式。

① 自然干燥法。该方法是普遍应用的方法。刈割后的牧草平铺在草茬上，利用太阳的辐射使牧草中的水分蒸发得以干燥。牧草干燥时间的长短，主要取决于茎的干燥速度，特别是豆科牧草茎的干燥速度比叶慢得多。因此，为了缩短干燥时间，在刈割时应使用牧草压扁机，使茎及其纤维管束破裂，以利于水分蒸发，缩短干燥时间，保证茎、叶均匀干燥。自然干燥方法草层上部干燥速度快于草层下部，应视情况翻草，确保牧草均匀干燥。

在天气晴好、温度较高的情况下，刈割后的牧草暴晒1d左右就能凋萎。为了减少晾晒过程中的落叶损失，应接成草垄继续晾晒4~5h，待水分降至35%~40%时（叶子即将脱落）捆成蓬松的小草捆（2~3kg），码成“人”字形草趟或堆成锥形小草垛，继续晾晒或阴干达到安全含水量要求。这种方法比较省工，受天气条件影响较大，重庆这个时期正是雨季，青干草易受雨淋，暴晒时间也较长，营养成分损失较多。

自然干燥法还可采取草架干燥方式。利用木杆、金属物制成三角形、锥形、针形或分层长架，把刈割后的草堆放或捆挂到架子上，以利用采光、通风，促进牧草干燥。在晴朗高温天气，早晨刈割的牧草，1d翻3~4次，到15:00左右水分降至40%以下。这种方法的优点是干燥较快，缺点是劳动力消耗较多，适合少量生产。

② 人工干燥法。采取一些人为措施迅速降低牧草水分，调制优质青干草，包括常温鼓风干燥法和高温干燥法。常温鼓风干燥是在牧草刈割后晾晒至含水量40%~50%，半干草的蓬松草垛中设有通风道。在草垛的一头安装通风机和送风机，强制通风，加大草垛中风的流速，降低牧草含水量。在空气湿度较小、温度较高时，每隔6~8h通风1h，可迅速使牧草水分降低10%~20%，然后自然干燥到安全含水量以下。高温干燥是利用气流式烘干机，使牧草水分在极短时间内急剧蒸发，制成干草。

人工干燥方式调制的干草不受气候影响，有效物质损失少，草质好，但是生产费用高，成本加大。

2. 青干草在贮存时应注意哪些事项?

干草调制过程的翻草、搂草、打捆、搬运等生产环节的损失不可低估，而其中最主要的恰恰是富含营养物质的叶损失最多，减少生产过程中的物理损失是调制优质干草的重要措施。

（1）要尽量控制翻草次数。含水量高时适当多翻，含水量低时可以少翻。晾晒初期一般每天翻2次，半干草可少翻或不翻。翻草宜在早晚湿度相对较大时进行，避免在1d中的高温时段翻动。

（2）搂草打捆最好同步进行，以减少损失。目前，多采取人工第一次打捆方式，把干草从草地运到贮存地、加工厂，再行打捆、粉碎或包装。为了作业方便，第一次打捆以15kg左右为宜，搂成的草堆应以此为标准，避免草堆过大，重新分捆造成落叶损失。搂草和打捆也要避开高温、干燥时段，应在早晚进行。

为了减少在运输过程中落叶损失，特别是豆科青干牧草，一是要打捆后搬运；二是打捆后可套纸袋或透气的编织袋，减少叶片遗失。

干燥贮藏必须达到安全含水量以下，一般以15%为宜，不能高于17%。贮藏库要通风防雨。草垛下要铺垫秸秆、木头等防潮。露天堆放时垛底周围要挖20~30cm深的排水沟。垛要起脊，垛顶用秸秆或劣质干草等物沿垛的坡度覆盖，以免淋雨霉变。要经常检查草堆，避免干草因高温发热变质，甚至炭化。

3. 农作物秸秆应如何调制加工?

(1) 农作物秸秆青贮调制技术。

青贮设施修建技术如下。

① 场地的选择。地势高燥，排水容易，地下水位低，取用方便的地方。

② 青贮容器的选择。青贮容器种类很多，有青贮塔、青贮壕(大型养殖场多采用)、青贮窖（长窖、圆窖)、水泥池（地下、半地下)、青贮袋以及青贮窖袋等。农户采用圆形窖和窖袋这两种青贮容器为好。

青贮料的装填技术如下。

① 原料收运。将收获籽实后的农作物秸秆及时运到青贮窖房，收运的时间越短越好，原料水分含量保持在65%~75%。

② 切装。将玉米秸秆切碎2~3cm长，在窖底先铺一层20cm厚的干麦草，把切碎的农作物秸秆装入窖内，边切、边装、边踏实。特别是窖的周边，更应注意踏实，直到装得高出窖面20~30cm为止。

③ 封窖。窖装满后，上面覆盖一层塑料布，再盖30cm以上厚的土层密封，窖周挖好排水沟。

青贮料成熟期的维护：农作物秸秆青贮一般需1.5~2个月时间，发酵成熟。随着青贮的成熟及土层压力，窖内青贮料会慢慢下沉，土层上会出现裂缝，出现漏气，如遇雨天，雨水会从缝隙渗入，使青贮料败坏。有时因装窖内踩踏不实，时间稍长，青贮窖会出现窖面低于地面，雨天会积水。因此，要随时观察青贮窖，发现裂缝或下沉要及时覆土，以保证青贮成功。

青贮调制关键技术如下。

① 水分：原料要有一定的含水量。一般制作青贮的原料水分含量应保持在65%~75%，低于或高于这个含水量，均不易青贮。水分高了要加晾晒降低水分，水分低了要加水。

② 糖分：原料要有一定的糖分含量。一般要求原料含糖量不得低于1%。

③ 快：缩短青贮时间最有效的办法是快，一般青贮过程应在3d

内完成。这样就要求快收、快运、快切、快装、快踏、快封。

④ 压实：在装窖时一定要将青贮料压实，尽量排出料内空气，尽可能地创造厌氧环境，在生产中应特别注意这点。

⑤ 密封：青贮容器不能漏水、漏气。

（2）农作物秸秆微贮调制技术。

农作物秸秆微贮饲料是近年来利用高效复合生物菌将农作物秸秆经厌氧发酵制成优质饲料的新技术。具有成本低、效益高、适口性好、采食量高、消化率高、制作容易、无毒无害、作业季节长、不争农时等优点。有力地解决了目前饲料粮不足、秸秆过腹还田等问题，促进了农区畜牧业的发展。

微贮原料：农作物秸秆来源广泛。麦秸、稻秸、青（干）玉米秸、土豆秧、树叶及干草等都可以用来做微贮原料。

农作物秸秆微贮的制作方法如下。① EM 菌种的复活：根据可处理秸秆量配制接种液，每吨秸秆按 1.5～2kg EM 菌液+ 红糖 1kg+10kg 温水（40℃左右）配制，接种液培育 2h 后方可用。EM 接种液稀释：培育的接种液按每吨用量加水稀释至1 200～1 500kg。② 微贮操作如下。a. 秸秆揉碎：跟秸秆氨化一样，用于微贮的秸秆一定要进行揉碎处理，养羊用 3～5cm，养牛用 5～8cm。b. 喷液及装窖：喷液及装窖与制作氨化草操作一样，把粉碎好的秸秆均匀铺撒开，用配好的 EM 稀释液喷洒，秸秆的湿度控制在 55%～60%，拌匀装窖，边装、边踏实，特别是窖的周边，更应注意踏实，直到高出窖面 30cm 为止。c. 水分控制：微贮饲料的水分含量是否合适是决定微贮饲料好坏的重要条件之一，因此，在喷洒和压实过程中要随时检查秸秆水分含量是否合适，各处是否均匀。含水量的检查方法：抓起秸秆试样，用双手扭拧，若有水往下滴，其含水量达 80%以上；若无水滴，松开手后看到手上水分很明显，含水量约 60%；若手上有水分（反光），为 50%～55%；感到手上潮湿 40%～50%；不潮湿在 40%以下。微贮饲料含水量要求在 55%～60%最为理想。

4. 青贮饲料有哪些特点？

青贮饲料是指青绿多汁饲料在收获后直接切碎，贮存于密封的青贮容器（窖、池）内。在厌氧环境中，通过乳酸菌的发酵作用而调制成能长期贮存的饲料。其特点主要有以下几点。

第一，营养物质损失少，营养性增加。由于青贮不受日晒、雨淋的影响，养分损失一般为10%～15%。而干草在晒制过程中，其营养物质损失达30%～50%。同时，青贮饲料中存在大量的乳酸菌，菌体蛋白含量比青贮前提高20%～30%。每千克青贮饲料大约含可消化蛋白质90g。第二，省时、省力，1次青贮全年饲喂；制作方便，成本低廉。第三，适口性好，易消化。青贮饲料质地柔软、香酸适口、含水量大，羊爱吃、易消化。同样的饲料，青贮饲料的营养物质消化利用率较高，平均70%左右，而干草不足64%。第四，既能满足牛羊对粗纤维的需要，又能满足能量的需要。第五，使用添加剂制作青贮，明显提高饲料价值。玉米青（黄）贮粗蛋白质不足2%，不能满足瘤胃微生物合成菌体蛋白所需要的氮量。通过青贮，按0.5%（每吨青贮原料加尿素5kg）添加尿素，就可获得生长羊对蛋白质的需要。第六，青贮可扩大饲料来源，如甘薯蔓、马铃薯叶茎等。第七，青贮能杀虫卵、病菌，减少病害。经青贮的饲料在无空气、酸度大环境中，其茎叶中的虫卵、病菌无法存活。

5. 青贮饲料应如何调制加工？

（1）青贮原理。青贮发酵是一个复杂的微生物活动和生物化学变化过程。青贮是利用牧草表面所附着的乳酸菌等，为它们的生长繁殖创造有利的条件（厌气环境）进行生命活动，通过微生物的厌氧呼吸，将青贮牧草原料中的可溶性碳水化合物，主要为蔗糖、葡萄糖和果糖转化为乳酸为主的有机酸，在青贮料中积累起来，当有机酸积累到0.65%～1.30%（优者可达1.5%～2.0%）或当pH值降到4.0以下时就抑制了腐败菌、丁酸菌等大部分有害微生物的活动。由于乳酸不断的积累，随着酸度的增加，最终乳酸菌本身也受到抑制而停止活动，使青贮饲料得以长期保存。

（2）青贮的基本条件和设备。青贮窖要求选在不积水、地下水位低、靠畜舍近的地块，并远离水坑、粪坑。青贮窖可分地上、地下或半地下三种类型，窖的形状可为圆形或方形，不管何种形式，均要注意达到密封性能好、死角少、不漏气。

(3) 切割机械。主要是切（粉）碎机，大型牧场应有压实机、取料机。

(4) 青贮步骤与方法。

青贮原料的适时收割：豆科牧草现蕾至开花初期，禾本科牧草抽穗期、玉米秸秆在玉米刚成熟时。

切碎青贮原料：较硬的秸秆切成 2~3cm，较软的切成 3~5cm 每段。

装窖：青贮原料装得越快越好，当天封窖最理想。窖底部垫一些软草，吸收青贮汁液。

压实：装一层料压一层料，特别要注意周边部位，绝不能有空隙及漏气的部位。

密封与管理：覆上塑料布，上面再覆土 30~50cm，踏成馒头形。经常检查，及时修补漏水、漏气的地方。密封 40d 后，可开窖利用。利用时，从一头开始利用，切一层用一层，不用时，用塑料布盖好，防止雨淋及损失。

6. 如何评定青贮饲料质量？

青贮饲料品质的优劣与青贮原料种类、刈割时期以及青贮技术等密切相关。正确青贮，一般经 17~21d 的乳酸发酵，即可开窖取用。饲用之前，或在使用之中，应当正确地评定其营养价值和发酵质量。国内外已经制定了各种青贮饲料质量的评定标准，一般包括感官评定和化学评定两部分，前者主要用于生产现场，后者需要在实验室内评定。通过品质鉴定，可以检查青贮技术是否正确，判断青贮饲料营养价值的高低。

(1) 感官评定。开启青贮容器时，根据青贮饲料的颜色、气味、口味、质地、结构等指标，通过感官评定其品质好坏，这种方法简便、迅速。见表 5-1。

表 5-1 感官鉴定标准

品质等级	颜色	气味	酸味	结构
优良	青绿或黄绿色，有光泽，近于原色	芳香酒酸味，给人以好感	浓	湿润、紧密、茎叶花保持原状，容易分离
中等	黄褐或暗褐色	有刺鼻酸味，香味淡	中等	茎叶花部分保持原状。柔软、水分稍多
低劣	黑色、褐色或暗墨绿色	具特殊刺鼻腐臭味或霉味	淡	腐烂、污泥状、黏滑或干燥或黏结成块，无结构

① 色泽优质的青贮饲料非常接近于作物原先的颜色。若青贮前作物为绿色，青贮后以绿色或黄绿色为最佳。青贮器内原料发酵的温度是影响青贮饲料色泽的主要因素，温度越低，青贮饲料就越接近于原先的颜色。对于禾本科牧草，温度高于 30℃，颜色变成深黄；当温度为 45~60℃，颜色近于棕色；超过 60℃，由于糖分焦化近乎黑色。一般来说，品质优良的青贮饲料颜色呈黄绿色或青绿色，中等的为黄褐色或暗绿色，劣等的为褐色或黑色。

② 气味品质优良的青贮料具有轻微的酸味和水果香味。若有刺鼻的酸味，则醋酸较多，品质较次。腐烂腐败并有臭味的则为劣等，不宜喂家畜。总之，芳香而喜闻者为上等，而刺鼻者为中等，臭而难闻者为劣等。

③ 质地。植物的茎叶等结构应当能清晰辨认，结构破坏及呈黏滑状态是青贮腐败的标志，黏度越大，表示腐败程度越高。优良的青贮饲料，在窖内压得非常紧实，但拿起时松散柔软，略湿润，不黏手，茎叶花保持原状，容易分离。中等青贮饲料茎叶部分保持原状，柔软，水分稍多。劣等的结成一团，腐烂发黏，分不清原有结构。

（2）化学分析鉴定。

用化学分析测定包括青贮料的酸碱度（pH 值）、各种有机酸含量、微生物种类和数量、营养物质含量变化及青贮料可消化性及营养价值等，其中以测定 pH 值及各种有机酸含量较普遍采用。

① pH 值（酸碱度）。pH 值是衡量青贮饲料品质好坏的重要指标之一。实验室测定 pH 值，可用精密雷磁酸度计测定，生产现场可用

精密石蕊试纸测定。优良青贮饲料 pH 值在 4.2 以下，超过 4.2（低水分青贮除外）说明青贮发酵过程中，腐败菌、酪酸菌等活动较为强烈。劣质青贮饲料 pH 值在 5.5~6.0，中等青贮饲料的 pH 值介于优良与劣等之间。

② 氨态氮。氨态氮与总氮的比值是反映青贮饲料中蛋白质及氨基酸分解的程度，比值越大，说明蛋白质分解越多，青贮质量不佳。

③ 有机酸含量。有机酸总量及其构成可以反映青贮发酵过程的好坏，其中最重要的是乳酸、乙酸和丁酸，乳酸所占比例越大越好。优良的青贮饲料，含有较多的乳酸和少量醋酸，而不含酪酸。品质差的青贮饲料，含酪酸多而乳酸少。见表 5-2。

表 5-2　不同青贮饲料中各种酸含量

等级	pH 值	乳酸（%）	醋酸（%）		丁酸（%）	
			游离	结合	游离	结合
良好	4.0~4.2	1.2~1.5	0.7~0.8	0.1~0.15	—	—
中等	4.6~4.8	0.5~0.6	0.4~0.5	0.2~0.3	—	0.1~0.2
低劣	5.5~6.0	0.1~0.2	0.1~0.15	0.05~0.1	0.2~0.3	0.8~1.0

7. 如何提高粗饲料的消化利用率？

家畜对粗饲料的利用率相对较低。目前，主要通过对粗饲料加工处理、合理搭配日粮、提高粗饲料的利用率，降低饲养成本。提高秸秆饲料的消化利用率，关键在于用化学的或生物的方法分解或破坏木质素与其他物质的紧密结合状态，使家畜可以利用秸秆饲料中一切可以利用的营养物质。

（1）物理方法。采用物理加工方法比较普遍，且简单易行。通常采用切短、碾碎等方法。经切短或粉碎处理的粗饲料便于咀嚼并减少能耗，可提高采食量，减少饲料的浪费。羊用粗饲料一般长短 1.5~2cm 即可。此外，孟庆翔等人 1991 年用辐射处理，毕东华等人 1992 年用热喷处理等先进技术对粗饲料进行物理处理也取得了较好的效果。

（2）化学方法。

① 碱化处理。碱处理包括用 NaOH、$Ca(OH)_2$ 或 KOH 等溶液浸泡秸秆或喷洒于秸秆表面，前者为湿法处理，后者为干法处理。通过打开纤维素、半纤维素和木质素之间的酯键，溶解纤维素、半纤维素和木质素及硅酸盐，使纤维素膨胀，便于瘤胃液渗入，从而提高其消化率。湿法处理需用大量清水冲洗余碱，会造成 20%左右的干物质损失，且费工、费时。干法处理相对更易在生产中运用。但是家畜采食碱化处理的秸秆后，饮水量和排尿量都会增加，且尿中钠浓度也会升高，对环境污染严重，因此，国内外目前已很少对秸秆进行碱化处理。

② 氨化处理。一般来说，秸秆经氨化处理后消化率可以提高 20%，蛋白质含量可提高 1～1.5 倍。由于经氨化处理的秸秆适口性得到改善，动物的采食量可提高 20%左右。影响氨化效果的因素包括氨用量、秸秆含水量、环境温度等。氨用量为 3.5%时，效果最好。

（3）微生物方法。秸秆的生物处理方法是利用某些微生物处理秸秆饲料。国内外科学工作者进行了不少的试验和研究，如青贮、微贮发酵、酶处理等，其中青贮方面的研究居多。近两年微贮饲料在我国也逐渐应用到生产领域。

8. 如何调制加工和饲喂精饲料？

精饲料，又叫能量蛋白饲料，包括玉米、大麦、小麦、大豆等农作物籽实和麸皮、豆饼、菜籽饼等加工副产品。精饲料是肉用山羊必须补充的饲料，尤其在宰前育肥期和冬春缺草期。调制法：麦麸可搅拌在饮水中饲喂，谷类籽实可磨成粉与粗饲料混合饲喂，豆类需用开水浸泡或煮熟后磨成豆汁饲喂；菜籽饼需去毒后才能使用，可用适量热水（80～90℃）浸泡 1.5 h，沥干后与粗饲料混合饲喂。

此外，养羊户还可以购买专业、正规厂家生产的羊饲料精料补充料饲喂（切不可用猪、鸡饲料代替），因为这种精料配合料往往营养全面而合理，具体喂法可参照厂家说明书使用。

第四节　羊的饲料配制

1. 配合饲料有什么优点?

配合饲料的配方科学合理、营养全面，符合动物生长需要，与单一饲料相比，有下列诸多优点。① 扩大了饲料来源，充分合理地利用饲料资源，可因地制宜地利用或开发来源广、易得、廉价的各种饲料原料。使用单一饲料的动物生长慢，饲料浪费大，很多饲料资源不能得到合理的利用；使用配合饲料，不但能充分地利用我国丰富的饲料资源，还能大幅度地促进山羊产业与相关行业的发展。节约饲料，降低生产成本，充分发挥饲料生产效能。配合饲料是根据山羊的营养需要设计出的科学合理的饲料配方，营养全面，各种原料之间的营养物质可以互相补充，提高饲料的营养价值，可避免由于饲料单一、营养物质不平衡而造成的饲料浪费，从而大大提高了山羊的生长速度，缩短养殖周期，提高产量及经济收入。② 配合饲料生产工业化，可减少饲料消耗和劳力投入，可全年均衡供应，消除了传统饲料生产的季节性，有利于山羊的均衡生产，促进山羊养殖业的发展。③ 配合饲料生产标准化，配合饲料的生产需要，根据有关标准、饲料法规和饲料管理条例进行，有利于保证质量，并有利于人类和山羊的健康，有利于环境保护和维护生态平衡。④ 使用方便，安全可靠，便于储藏、运输、投喂、节省劳动力，有利于集约化养殖的发展。⑤ 配合饲料的各种添加剂，能强化其营养价值，起到预防疾病，促进生长，改善山羊产品品质的良好作用，其生产过程中机械的搅拌和混合，能把其中百万分之几的微量成分均匀混合，保证每个动物都获得充足养分。

2. 羊常用的配合饲料可分为哪几类?

（1）按配合饲料的组成划分，饲料可以分为四类，即预混料、浓缩饲料、全价饲料和精料补充料。预混料全名叫添加剂预混合饲料，它是由各种添加剂加上载体或稀释剂组成，是配合饲料的最初级产品，不能单独使用。浓缩饲料是由添加剂预混料加上矿物质饲料和蛋白质饲料组成，是配合饲料的一种常用的半成品，也不能单独使用。全价饲料即全价配合饲料，由浓缩饲料加上能量饲料组成，属于成品饲料，可单独饲喂。精料补充料是指用于草食动物的一种饲料，虽然它是由草食动物的浓缩饲料加上能量饲料构成，但还是属于半成品，需要加上一定数量的青饲料和粗饲料才能成为成品饲料。此外，浓缩饲料也叫“精料”，是一种商品名称，但现在已不允许使用这种名称。

（2）按配合饲料的外部形态划分，可分为粉料、颗粒饲料、膨化饲料、碎粒料、块状饲料等几种料型。一般来说，颗粒饲料和膨化饲料都是全价饲料，预混料、浓缩饲料和精料补充料都是粉料。碎粒料多为颗粒饲料经破碎处理的一种料型。块状饲料多见于草食动物的复合盐砖，主要含有各种常量元素和微量元素。

3. 在进行羊饲料配制时，应遵循哪些原则？

通常按羊的营养需要和饲料营养价值配制出能够满足羊生活、增重等生理和生产活动所需要的日粮。进行羊饲料配制时，应遵循以下原则。

（1）根据山羊在不同饲养阶段和日增重的营养需要量进行配制，但应注意品种的差别，例如绵羊和山羊各有不同的生理特点。

（2）根据山羊的消化生理特点，合理地选择多种饲料原料进行搭配，并注意饲料的适口性；注重山羊对粗纤维的利用程度，及其所决定的营养价值的有效性，实现配方设计的整体优化。

（3）考虑配方的经济性，提高配合饲料设计质量，降低成本。饲料原料种类越多，越能起到原料之间营养成分的互补，越利于营养平衡。

（4）饲料的原料必须是安全的，从外观看是干净的，没有变质、腐败等情况，从化验分析结果看是正常的，没有污染、无有毒物质。采食配合饲料的动物所生产出的动物产品，应是既营养又无毒、无残留。

（5）设计配方时，某些饲料添加剂（如氨基酸添加剂、抗生素等）的使用量、使用期限要符合法规要求，同时注意保持原有的微生物区系不受破坏。

（6）以市场为目标进行配方设计，熟悉市场情况，了解市场动态，确定市场定位，明确客户的特色要求，满足不同用户的需求。

4. 羊的日粮、饲粮有什么区别？

羊的日粮是指一昼夜（24h）一只羊所采食的各种饲料总和。它是根据饲养标准所规定的各种营养物质的种类、数量和羊的不同品种、不同生理状态与生产水平，选用适当的饲料配合而成的。但在实际生产中，单独饲养的羊极少，绝大多数羊都是采用合群饲养的方式。因此，又有了饲粮的概念。人们把为同一生产目的羊群，按日粮要求的营养成分比例配制的大量配合饲料，称为饲粮。饲粮需按日分顿喂给。生产中人们常说的日粮往往指的是饲粮。

5. 如何设计羊的日粮配方？

肉羊日粮配合要以饲养标准为依据，满足营养需求。在肉羊生产中，饲料费用占成本的2/3以上，降低饲料成本，对提高养羊业的经济效益至关重要。另外，还要考虑日粮的适口性、日粮体积、饲料品种、饲料原料的多样化等。在满足上述条件下即可进行肉羊的日粮配合。配合日粮的方法有手算法和计算机法两种。手算法是按照肉羊饲养标准和日粮配合的原则，通过简单的数字运算，设计全价日粮的过程，如试差法、正方形法、代数法等。手算法可充分体现设计者的意图，设计过程清楚，是计算机设计日粮配方的基础。计算机配合日粮过程繁杂，有时还难以得出确定的结果。以下介绍常用的手算法。

（1）日粮配合的步骤。首先检查羊的饲养标准和营养价值，确定羊的营养需要量，主要包括能量、蛋白质、矿物质和维生素等的需要量。其次要确定粗饲料的投喂量。配合日粮时应根据当地的粗饲料，一般成年羊粗饲料干物质（DM）采食量占体重的15%~20%或占总干物质采食量的60%~70%；颗粒饲料精料与粗料之比为50：50，生长羔羊颗粒饲料与粗料之比可增加到85：15。在粗饲料中最好有50%左右是青绿饲料或青贮玉米。实际计算时，可按 3kg 青绿饲料或青贮饲料相当于 1kg 青干草或干秸秆折算，计算由粗饲料提供的营养量。接着计算精料补充料的配方。粗饲料不能满足的营养成分要由精料补充。在日粮配方中，蛋白质和矿物质，特别是微量元素最不容易得到满足，应在全价日粮配方的基础上，计算出精料补充料的配方。设计精料补充料配方时，应先根据经验草拟一个配方，再用试差法、十字交叉法或联立方程法对不足或过剩的养分进行调整。调整的原则是蛋白质水平偏低或偏高，可减少或增加玉米、高粱等能量饲料的用量。最后进行检查、调整与验证。上述步骤完成后，计算所有饲料提供的养分，如果实际营养提供量与营养需要量之比在 95%~105%范围，说明配方合理。

（2）配合日粮应满足的标准。全舍饲时，DM 采食量代表羊的最大采食能力，配合日粮的干物质不应超过需要量的 3%。放牧条件下，DM 表示可提供的饲料量，其采食量依饲喂条件不同而定。所有养分含量均不能低于营养需要量的 5%。因此，能量的供给量应控制在需要量的 100%~103%。蛋白质饲料价格比较低时，提供比需要量高出 5%~10%的蛋白质可能有益于肉羊生产。而比需要量多 25%时，对羊生长发育不利。实践中有时钙、磷过量，只要不是滥用矿物质饲料，且保证钙、磷比例（1~2）：1，日粮中允许钙、磷超标。必须重视羔羊、妊娠母羊、哺乳母羊和种公羊日粮中胡萝卜素的供应。此外，必须满足羔羊和肥育羊的微量元素需要。

6. 什么是羊的全混合日粮？有什么优点？

全混合日粮是根据山羊需要的粗蛋白、能量、粗纤维、矿物质、维生素等，按照营养需要提供的配方，用特制的搅拌机对所有日粮组分（如粗饲料、精饲料和各种添加剂等）进行切割、揉搓和搅拌而形成的精粗比例适宜、营养均衡的全价日粮。全混合日粮各组分比例适当、营养均衡、精粗比适宜，能改善饲料适口性，提高动物采食量，减少饲料浪费，提高饲料转化效率，降低饲养成本；可减少肉羊消化道疾病、食欲不振、营养应激等的发生，显著提高肉羊生产性能及饲料利用效率，是肉羊标准化养殖的必然选择。

7. 如何配制羊的全混合日粮?

(1) 明确营养需要量。根据羊的品种、经济类型、生长发育阶段、生产性能等条件，确定营养指标及需要量。

(2) 选择饲料原料。在充分调查和了解当地饲料原料生产和供应情况、饲料价格等的基础上，本着“因地制宜、就地取材、经济实用”的原则，选择饲料原料并确定其营养成分及含量。

(3) 确定青粗饲料用量。根据干物质需要量、青粗饲料营养特性、青粗饲料资源状况及价格等，确定粗饲料比例及各种粗饲料用量，并计算青饲料、粗饲料及青贮饲料的营养物质提供量。

(4) 确定精饲料用量。从特定生理状态下羊营养物质总需要量中扣除青饲料、粗饲料、青贮饲料等提供的营养物质数量，作为精饲料需要提供的营养量，然后以此为依据计算各种精饲料用量。

(5) 确定矿物质及饲料添加剂用量。根据青饲料、粗饲料、精饲料等提供的矿物质数量，计算并确定矿物质饲料用量。

(6) 列出配方并计算营养水平。根据各种饲料实际用量，换算出百分比配方或每批次各饲料用量，并计算日粮的营养水平。

第五节　生态养羊饲料添加剂的应用

1. 生态养羊常用的营养性添加剂有哪些?

营养性添加剂是指用于补充饲料营养成分的少量或者微量物质，包括矿物质添加剂、维生素添加剂、氨基酸添加剂、非蛋白氮添加剂等。动物对维生素的需要量虽然不大，但其作用却极为显著。在放牧条件下，一般不会出现维生素缺乏。在集约化饲养条件下，因为羊的生产性能较高，对维生素的需要量较正常需要量大，因此必须向饲料中添加维生素。矿物质元素不在动物体内合成，只能由饮水和饲料供给。在饲料中添加矿物质元素时，不仅要考虑羊对各种元素的需要量以及各元素之间的协同和拮抗作用，还要考察各地区元素的分布特点和所用饲料中各种元素的含量。氨基酸添加剂用于羔羊代乳品或开食饲料中，有良好的促生长效果，但是对于成年羊或育肥羊，即使瘤胃微生物蛋白质合成达到最大程度时，进入小肠的蛋白质和氨基酸仍难以满足生长或生产强度较大时羊对必需氨基酸的需要，必须通过饲料提供一定量的过瘤胃氨基酸。过瘤胃氨基酸大致有两类，第一类包括氨基酸类似物、衍生物及聚合物，第二类为包被氨基酸。

尿素是含氮量44%~46%优质化肥，也是羊很好的补充特殊饲料。当动物吃进尿素后，在瘤胃里通过微生物的繁殖，能将分解的氨合成菌体蛋白质。尿素喂反刍动物成本低、效果好，可促进羊的生长。喂量为动物体重的0.02%~0.03%，即每10kg体重可喂尿素2~3g。尿素的喂法是：把尿素用少量温水溶解，然后拌在切短的饲料里，随拌随喂。总之，尿素对羊有效，只能解决日粮中蛋白质不足，而不能代替日粮中全部蛋白质，其他饲料不能少。且用尿素喂山羊如果使用不当，也会起反作用，甚至造成中毒死亡，喂时应特别注意。

2. 生态养羊常用的非营养性添加剂有哪些?

非营养性添加剂是指为保证或改善饲料品质、改善和促进动物生产性能、保证动物健康、提高饲料利用率而使用的饲料添加剂。其中，中草药添加剂是指以天然中草药的药性（阴、阳、寒、凉、温、热）、药味（辛、酸、甘、咸）和物间关系的传统理论为基础，以现代动物营养学和饲养学理论为指导，并结合生产实际，利用中草药或其药渣，煎成汤或研磨成细末，生产出单方或复方制剂，添加在日粮或饮水中，以期预防动物疾病，加速生长，提高生产性能和改善畜禽产品质量。它作为绿色饲料添加剂的一种，具有毒副作用小、无残留、无耐药性的独特优势。

微生物饲料添加剂又称活菌剂、益生素、微生态制剂等，是近十几年发展起来的一类新型饲料添加剂。根据我国国家标准《微生物饲料添加剂通用要求》（GB8T23181—2008），微生物饲料添加剂指允许在饲料中添加或直接饲喂给动物的微生物制剂，主要功能包括促进动物健康、或促进动物生长、或提高饲料转化率等。根据我国原农业部2008年发布的《饲料添加剂品种目录》（原农业部公告1126号）所规定，允许作为微生物饲料添加剂的菌有乳酸菌类、芽孢菌类、酵母菌类及光合细菌类。

第六章　羊饲养管理关键技术

第一节　羊的生物学特性

1. 羊有哪些生活习性？

（1）合群性强。羊属于群居动物，很容易建立群体结构。在羊群中，通常原来熟悉的羊只构成小群体，小群体再形成大群体。羊群移动时，随领头羊而动，领头羊往往是由年龄较大，后代较多的母羊担任。因此，可利用羊的这种特性，先调教好领头羊，在放牧、转场、出圈、入圈、过河和过桥时，只要让领头羊先行，其他羊就会跟随而来，从而为管理带来很多方便。

（2）食物谱广。羊是食草动物，可采食多种植物。羊具有薄而灵活的嘴唇和锋利的牙齿，齿利舌灵，上唇中央有一条纵沟，下颚门齿外有一定的倾斜度。这种结构十分有利于采食地面矮草、灌木嫩枝。羊采食时就高不就低，只要有较高的植物，就昂起头从高处采食；除采食各种杂草外，还偏爱灌木枝叶和野果，喜欢啃食树皮，若管理不善，对林木果树有破坏作用。

（3）喜干燥，怕湿热。羊适宜在干燥、凉爽的环境中生活，最怕潮湿的草场和圈舍。放牧草地和栖息场所都以干燥为宜。在潮湿的环境下，易发生寄生虫和腐蹄病。羊常在较高的干燥处站立或休息。

（4）善于游走。游走有助于增加放牧羊只的采食空间。山羊具有平衡步伐的良好机能，喜登高、善跳跃，采食范围可达崇山峻岭、悬崖峭壁，可直上直下60°的陡坡。

（5）抗病力强。其抗病力强弱，因品种而异。羊对疫病的反应不像其他家畜那么敏感，在发病初期或遇小病时，往往不易表现出来。体况良好的羊只对疾病有较强的耐受能力，病情较轻时一般不表现症状。因此，在放牧和舍饲管理中必须细心观察，才能及时发现病羊。如果等到羊只已停止采食或反刍时再进行治疗，疗效往往不佳，会给生产带来很大损失。因此，应随时留心观察羊群，发现有病及时治疗。

2. 羊的采食有什么特点？

羊的颜面细长，嘴尖，唇薄齿利，上唇中央有一中央纵沟，运动灵活，下颚门齿向外略倾斜，有利于采食地面低草、小草、花蕾、灌木枝叶等，对草籽的咀嚼也很充分，素有“清道夫”之称。羊只善于啃食很短的牧草，因此可以进行牛羊混合放牧，或不能放牧马、牛的短草牧场也可以放羊。

山羊和绵羊的采食特点有明显的不同：山羊后肢能站立，有利于采食高处的灌木或乔木的幼嫩枝叶，而绵羊只能采食地面上或低处的杂草、枝叶；绵羊与山羊合群放牧时，山羊总是走在前面抢食，而绵羊则慢慢跟随后面低头啃食；山羊对各种苦味植物较乐意采食。粗毛羊与细毛羊相比，爱挑草尖和草叶，边走边吃，游走较快，能扒雪吃草，对当地毒草有较高的识别能力；而细毛羊则是站立吃草，游走较慢，常常落在后面，识别毒草的能力较差。

3. 羊的消化系统有什么特点？

（1）消化器官的特点。羊属于复胃动物，胃分为四个室，即瘤胃、网胃、瓣胃和皱胃（真胃）。瘤胃在腹腔左侧。网胃为球形，内壁分隔成许多网格，如蜂巢状，又称蜂巢胃。它们的消化生理作用基本相似，除了机械作用外，胃内有大量的微生物活动，分解消化食物。瓣胃内壁有无数纵列的褶膜，对食物进行机械性压榨。皱胃为圆锥形，由胃壁的胃腺分泌胃液，主要是盐酸和胃蛋白酶，饲料在胃液的作用下进行化学性消化。

（2）反刍机能特点。反刍是由于粗糙食物刺激网胃、瘤胃前庭和食管沟的黏膜，产生复杂的神经反射，引起逆呕，而将食物返回口腔，进行再咀嚼、再混合唾液和再吞咽的过程。

反刍是羊的重要生理机能。当羊有病、过度疲劳、过度兴奋后受外来强烈刺激时，都可引起反刍和瘤胃运动减弱或停止。反刍一旦停止，食物滞留在瘤胃中，往往由于发酵所产生的气体排不出去而引起瘤胃膨胀。

（3）瘤胃的消化特点。羊的瘤胃是四个胃中容积最大的胃，是暂时储存饲料的“储藏库”，以便休息时再慢慢反刍咀嚼，更主要的作用是其中的微生物。微生物包括细菌和纤毛虫，起主导作用的是细菌。瘤胃内大量繁殖的微生物随食糜进入皱胃后，被消化液分解而解体，可为宿主动物提供大量优质的单细胞蛋白。瘤胃像一个连续接种的活体发酵罐，为微生物的繁殖创造了适宜的条件，反过来瘤胃微生物对山羊又有营养作用，二者实际上是“共生作用”。

第二节　生态养羊的饲养方式及特点

1. 为什么说养羊成功与否取决于饲养管理?

羊的饲养管理，是根据羊的生理要求、生活习性养好羊、管好羊的一门科学。无论是对山羊还是绵羊，饲养管理的好与坏，不仅影响产品的产量和质量，对羔羊的成果、种羊繁殖后代都有很大影响。如果饲养管理不当，即使有优良的品种、丰富的饲料，也会导致生长发育不良，抗病力差，品种退化，繁殖成活率低，甚至疫病暴发，造成重大经济损失。养羊科学的饲养管理，是提高养羊效益的关键技术之一。

羊的饲养管理因不同品种、性别、年龄和生产目的，在不同季节、不同饲养环境条件下，有不同的要求和特点。现代养羊者已根据这些特点，制定出科学的饲养管理方法。大量实践证明，要养好羊，实现羊群优质高产、效益好，羊生产的饲养管理人员，必须认真掌握科学的饲养管理技术。

2. 如何组织放牧羊群？

合理组织羊群有利于羊的放牧和管理，是提高草场利用率的重要技术环节。应根据羊的品种、类型、性别、年龄、健康状况等因素进行综合考虑，也可以根据自身生产需要进行组织。一般情况，羊群可分为公羊、母羊、后备公羊、后备母羊、羔羊、阉羊等。此外，还应综合考虑牧工用工强度、场内配套补饲、饮水的舍饲设备等条件。羊群的大小要便于日常管理。牧区和草场面积大的地区，一般以繁殖母羊和育成母羊 200~250 只为一群，去势育肥的公羊 150~200 只为一群，种公羊 80~100 只为一群。农牧区和丘陵山区可视放牧条件而定。农区一般没有大面积草场，羊群放牧多利用地边、路边、林地、河堤，放牧受到一定限制，羊群不宜过大。繁殖母羊和育成母羊 30~50 只为一群，去势育肥公羊 20~40 只为一群，种公羊 10 只左右为一群。

3. 羊群四季放牧有哪些技术要点？

（1）春季放牧应注意补充营养。由于羊只过了几个月的冬季，一般营养较差，体质瘦弱，有的正处于怀孕后期，有的肉羊正在哺乳，迫切需要较好的营养，这时牧场冬草较少，青草未长出，如果遇上早春的寒潮、连雨的天气，很容易造成羊只减膘，甚至饿死和流产等。因此，春季早晨放牧前可补喂干草或者秸秆等农作物，收牧后适当补喂精饲料。弱羊、病羊、妊娠羊、种公羊等是重点补喂对象。春季放牧应选背风向阳、比较暖和的地方，减少因寒冷而造成的热能消耗，而且阳坡地牧草返青早，地势比较干燥，既不会踏坏牧地，羊也不致因受潮而得病；春季正是牧草交替之际，有的地方青草虽已生长出，但是薄而稀，要防止跑青，嫩草水分高，过量采食容易造成拉稀，也容易造成氢氰酸中毒。因此，每天可先放老草坡，让肉羊采食枯草，再去放青草地。春季早上天冷，露水多，放牧时间不宜过早。此外，春季潮湿，肉羊体弱，是寄生虫繁殖滋生的适宜时期，要注意驱虫、垫圈，保持圈舍干净。

（2）夏季饲料丰富，且牧草处于抽茎开花阶段，营养价值较高，是羊抓膘育肥的最好时机，为秋冬满膘、配种打下基础。但夏季天气炎热、蚊蝇多，极易造成羊中暑或引起其他疾病。因此，养殖户要提前做好准备工作，因地制宜，科学放养，以达到优养优牧，快速育肥的目的。注意放牧方法：夏季天气炎热，羊群爱聚堆，影响采食。养羊上午放牧应早出早归，一般待露水刚干即可出牧。中午让羊在圈内或阴凉处休息、反刍，19:00 收牧。晴爽天气，天气炎热，应选择干燥的地方放牧或者林荫地放牧，以防中暑。饮水是必不可少的工作，放牧羊要饮用 4～6 次淡盐水，防暑降温。饮水水源可以是河水、泉水或井水，切忌让羊饮用死塘水、排灌水、洼沟水。井水较冰冷，不宜直接饮用，应放晾一段时间后再饮用。

（3）秋初早晚凉爽，中午气温高，放牧时应坚持中午避暑，早出牧，晚收牧，每天坚持饮干净水两次以上。晚秋放牧还要保暖，栏圈要垫草，周围应护风，应到牧草长势较好的向阳坡放牧。白天放牧，夜间补喂适量营养丰富、适口性好、利于消化的精料，可促长、催膘。特别是孕羊，每只每天应补精料 0. 5kg 左右，产双羔母羊应适当增加。严禁饲喂发霉变质的草料，要供给足够的饮水，添加适量的食盐，以增强饲草的适口性，增强机体抵抗力。秋季母羊膘情好，发情正常，排卵多，易受胎，有利于胎儿发育，要抓好母羊的配种，春季产羔，以 9 月配种为宜，来年 2 月产羔，气温开始回升，避免了数九寒天，这样母羊产羔后，很快能吃上青草，羔羊发育快，育成率高。

（4）冬季由于牧草干枯，适口性差，营养价值低，某些地区多冰雪，一旦管理不善可造成羊只发病死亡。冬季也是母羊妊娠和部分母羊产羔时期，因此应及时调整羊群，将不能越冬和无种用价值的老、弱羊只趁肥时，在越冬前淘汰处理。冬季放牧羊要做到跟群放牧，靠上羊，使羊少走路，多吃草，饮足水。根据地形和饲草条件先放阴坡、后放阳坡，先放低草，后放高草的方法，充分利用草地。并根据天气情况顶风放牧，顺风归牧；严寒天气晚牧早归，晴暖天气早牧晚归。风雪天不放牧，不惊吓羊群，避免羊跳沟壕。临产母羊不跟群放牧。冬季气温低，羊体消耗热量大，特别是怀孕母羊除消耗大量体热用于御寒外，胎儿的生长发育也需要大量营养，单靠放牧满足不了营养需要，应补饲草料，有条件的可喂些青菜和胡萝卜。

4. 放牧养羊有哪些注意事项？

（1）体弱多病和怀孕后期的母羊不能随大群放牧。

（2）成年公羊应和母羊分群放牧（为避免公羊滥配导致品种混杂，公羊要进行阉割）。

（3）为防止放牧时饥不择食而误食毒草，可在放牧前喂少量干草。

（4）从舍饲转为放牧应有1周的过渡期。

（5）不要在有露水或霜打雨淋的低湿草地上放牧，避免吃寒露草和霜冻草。

（6）放牧采用冬阳夏荫方式，夏秋季要选择阴凉地方，冬春季选择向阳温暖地方。

（7）放牧羊易感染寄生虫，应注意定期驱虫，最好每季1次。

（8）选择产草量高、草质优良的草场，放牧育肥，实施轮牧轮放。在枯草季节或放牧地受到限制时，可利用氨化秸秆、青贮饲料、微贮饲料、优质干青草、根茎类饲料、加工副产品以及精料对山羊进行舍饲育肥。

（9）保证放牧时间，放牧时间要求冬春每天4~6h，夏秋10~12h，保证每天吃3个饱肚。

（10）注意饮水和补充食盐。

5. 舍饲生态养羊的技术要点有哪些？

（1）选择合适的自然生态环境。合适的自然生态环境是进行现代生态养羊的基础。发展生态养羊必须根据羊群的生活习性选择适合其生长的无污染的自然生态环境，有比较大的天然的活动场所，让其自由活动、自由采食、自由饮水。如一些地方采取的林地、山场养殖补饲配合饲料的方式就是很好的现代生态养羊方式。

（2）使用配合饲料。使用配合饲料是进行现代生态养羊与农村一家一户散养的根本区别。如果仅是在合适的自然生态环境中散养而不使用配合饲料，则羊体的生长速度必然很慢，其经济效益也就很低，这不仅影响饲养者的积极性，而且也不能满足消费者的消费需求，因此，进行现代生态养殖仍然要使用配合饲料，但所使用的配合饲料中不能添加违禁促生长剂和动物源性饲料，因为其在畜产品中的残留不仅降低了畜产品的品质，也影响畜产品的口感，满足不了消费者的消费需求。

（3）及时清理粪便。生态养殖的羊群大部分时间是处在散养自由活动状态，随时随地都有可能排出粪便，这些粪便如不能及时清理，则不可避免地会造成环境污染，也容易造成疫病传播，进而影响饲养者的经济效益和人们的身体健康。因此，应及时清理粪便，减少环境污染，保证环境卫生。

（4）多喂青绿饲料。多喂青绿饲料不仅可以给羊提供必需的营养，而且能够提高免疫力，促进身体健康。可在羊群活动场地种植一些耐践踏的青饲料供羊只活动时自由采食，但仅靠活动场地种植的青饲料还不能满足生态养殖的需要，必须另外供给。青饲料最好现采现喂，不可长时间堆放，以防堆积过久产生亚硝酸盐，导致亚硝酸盐中毒。青饲料采回后，要清除泥沙，切短饲喂。饲喂青绿饲料要多样化，不但可增加适口性，提高采食量，而且能够提供丰富的植物蛋白和多种维生素。在冬季没有青饲料时，要多喂一些青干草粉，以改善产品品质和口感。

（5）做好防疫工作。防疫应根据当地疫情制定正确的免疫程序，防止免疫失败。为避免因药物残留而降低畜产品品质，要尽量少用或不用抗生素预防疾病，可选用中草药预防，有些中草药农村随处可见，如用马齿苋、玉米芯炭等可防治拉稀，五点草可增强机体免疫力。这样不仅可提高畜产品质量，而且可降低饲养成本。

6. 舍饲生态养羊的管理原则是什么?

（1）定时、定量、定质、定人。要按时喂羊，使羊形成条件反射，利于消化吸收。要根据不同羊只，确定喂草量、料量；要既能吃饱，又不浪费；要保证饲料质量和品种多样性；有条件的要按饲养标准制定配合日粮；饲养人员也要相对固定。

（2）饲草、饲料、饮水要清洁。不喂霉变草料，饲草不能带水，冬天最好饮用温水。

（3）保持羊舍清洁、干燥。做到冬暖夏凉，粪便要经常打扫。

（4）要搞好春秋两次防疫和经常性的驱虫。

（5）搞好羊场平时的卫生、消毒工作。羊粪要堆积发酵处理后使用。

（6）增加羊只运动，保持羊体卫生。

第三节　羔羊饲养

1. 初生羔羊有哪些生理特点?

（1）器官发育还未健全，机能尚未完善。羔羊出生后体内各个组织器官发育还未健全，机能尚未完善。各种调节机能差，主要表现为对冷、热、湿及各种疾病的抵抗力比较弱和消化能力低等，但新陈代谢旺盛，生长发育速度快。据此特点，在培育过程中必须满足其各方面的需要，才能促使羔羊得到正常的生长发育，减少疾病，提高成活率和断奶重。

（2）消化机能逐步发育。羔羊初生 3 周龄为无反刍阶段，3～8 周龄为过渡阶段，8 周龄以后为反刍阶段。3 周龄内羔羊以母乳为饲料，其消化是由皱胃承担的，消化规律与单胃动物相似，3 周龄后才能慢慢地消化植物性饲料。当生长到 7 周龄时麦芽糖酶的活性才逐渐显示出来，8 周龄时胰脂肪酶的活力达到最高水平，此时瘤胃才充分发育，能采食和消化大量植物性饲料。

（3）适应能力差。哺乳期是羔羊由胎生到独立生活的过渡阶段，从母体环境转到自然环境中生活，生存环境发生了根本性改变。此阶段羔羊各组织器官的功能尚不健全，特别是初生 1～2 周内羔羊体温调节机能很不完善，对外界温度变化很敏感，神经反射迟钝，皮肤保护机能差，特别是消化道的黏膜容易受细菌侵袭而发生消化道疾病。

（4）可塑性强。羔羊在哺乳期可塑性强，外部环境的变化能引起机体相应变化，容易受外界条件的影响而发生变异，这对羔羊的定向培育具有重要意义。羔羊初生后 7～10d，在跟随母羊放牧或采食饲料时，会模仿母羊的行为，采食一定的草料，这对人工诱食补饲有一定作用。

2. 羔羊饲养管理技术要点有哪些?

羔羊的培育，不仅影响其生长发育，而且将影响其终生的生长和生产性能。加强培育，对提高羔羊成活率，提高羊群品质具有重要作用，因此，必须高度重视羔羊的培育。羔羊饲养管理可以分为初乳期、常乳期和奶、草过渡期三个阶段。

（1）初乳期。初乳是羔羊生后唯一的全价天然食品。初乳中含有丰富的蛋白质（17%～23%）、脂肪（9%～16%）等营养物质和抗体，具有营养、抗病和轻泻作用。羔羊出生后及时吃到初乳，对增强体质、抵抗疾病和排出胎粪具有很重要的作用。因此，应让初生羔羊尽量早吃、多吃初乳，吃得越早，吃得越多，增重越快，体质越强，发病越少，成活率越高。

（2）常乳期。这一阶段，奶是羔羊的主要食物，辅以少量草料。从出生到 45 日龄，是羔羊体形增长最快的时期；从出生到 75 日龄是羔羊体重增长最快的时期。羔羊要早开食，训练吃草料，以促进前胃发育，增加营养来源。一般从 10 日龄后开始给草，开始要喂幼嫩青草，让小羊自由采食。生后 20d 开始训练吃料，在饲槽里放些用开水烫后的半湿料，引导小羊去啃，反复数次（注意烫料的温度不可过高，应与奶温相同，以免烫伤羊嘴）。

（3）奶、草过渡期。2 月龄以后的羔羊逐渐以采食为主，哺乳为辅。日粮中可消化蛋白质以 16%～18%为宜，可消化总养分以 74%为宜。此时的羔羊还应适当运动，随着日龄的增加，羔羊还要放牧，放牧时，母仔要分开，这样有利于增重、抓膘和预防寄生虫病，断奶的羔羊在转群或出售前要全部驱虫。

3. 为什么要让初生羔羊尽早吃到初乳?

羔羊在出生后半小时内要吃上初乳，随后 3～5d 内要吃好初乳，这对羔羊早期的健壮和生长发育有重要作用。因初乳干物质含量多，营养价值高，所含蛋白质、维生素、矿物质尤为丰富，不仅容易被羔羊消化吸收，而且含有丰富免疫球蛋白，可提高羔羊的抗病力，初乳中较多的镁盐，具有轻泻作用，可促进胎粪排出。

4. 如何提高羔羊成活率？

（1）喂好初乳。母羊产后头几天所分泌的乳汁叫作初乳。初乳中含有丰富的蛋白质、维生素、矿物质、酶和抗体等，其中蛋白质含量13.13%，脂肪9.4%，维生素含量比常乳高10~100倍，有丰富的免疫球蛋白，可增强羔羊的抗病力。矿物质含量较多，尤其是镁含量丰富，具有轻泻作用，可促使羔羊的胎粪排出。所以初生羔羊最初几天一定要保证吃足初乳。

（2）羔羊的早期补饲。10~15d比较健壮的羔羊可跟随母羊放牧，但要防止羔羊丢失，并训练羔羊采食青草和精料，使羔羊的肠胃机能及早得到锻炼，促进消化系统和身体的生长发育。15日龄羔羊每天补喂混合精料30~50g，30日龄70~100g，优质青干草100~150g。

（3）羔羊的管理。羔羊性情活泼爱蹦跳，应有一定的运动场，供其自由活动。在运动场内可设置草架，供羔羊采食青粗饲料。有条件的还可设置攀登台或木架，供羔羊戏耍和攀登。尤其要注意羔羊吃饱喝足后，即在运动场的墙根下，或在阴凉处睡觉，在阴凉处躺睡羔羊易患感冒，要经常赶起来运动。若发现羔羊发生异食癖，如啃墙土、吞食异物等，表明缺乏矿物质，要注意及时补充。羔羊到2月龄左右必须断奶，因为在放牧条件下的本地山羊泌乳量，已经不能满足羔羊的生长发育需要。

5. 如何对羔羊进行补饲？

羔羊10日龄左右瘤胃中开始有微生物活动，可先对7~10日龄羔羊用炒熟粉碎的大豆、蚕豆、豌豆粉撒于饲槽内进行诱食，然后对15~20日龄羔羊补草，15~20日龄羔羊补精料，训练其采食能力，锻炼其瘤胃的消化机能。草料以新鲜优质牧草、胡萝卜为主，精料中的粗蛋白质含量不低于20%。羔羊补饲应注意：尽可能提早补饲；当羔羊习惯采食草料后，所用草料要多样化、营养好、易消化，饲喂时要做到少食多餐，避免羔羊伤食；要做到定时、定量、定点、定人，以形成好的条件反射和避免不良应激；保证饲槽和饮水的清洁、卫生。

6. 如何对羔羊进行早期断奶？

即羔羊断奶从传统的4~5月龄提早到2~3月龄，甚至到1.5月龄，实行羔羊早期断奶。必须早日采取调教羔羊采食饲草饲料，促进羔羊瘤胃发育，并加强羔羊断奶后的补饲，以弥补羔羊因早期断奶带来营养不足，影响其生长发育。

7. 羔羊如何进行断尾？

羔羊的断尾主要针对肉用绵羊公羊同本地母绵羊的杂交羔羊、半细毛羊羔羊。这些羊均有一条细长尾巴，为避免粪尿污染羊毛，及防止夏季苍蝇在母羊阴部产卵而感染疾病，便于母羊配种，必须断尾。断尾应在羔羊生后10d内进行，此时尾巴较细，出血少。断尾有热断法和结扎法两种。

（1）热断法。需要一个特制的断尾铲（厚0.5cm，宽7cm，高10cm）和2块$20cm^2$两面钉上铁皮的木板。1块木板的下方，挖1个半圆形的缺口，断尾时把尾巴正压在这半圆形的缺口里。把烧成暗红色的断尾铲稍微用力在尾巴上往下压，即将尾巴断下。切的速度不宜过快，否则止不住血。断下尾巴后若仍出血，可用热铲再烫一烫。

（2）结扎法。原理和结扎去势相同，即用橡皮筋把尾巴第三、第四尾椎处紧紧扎住，断绝血液流通，下端的尾巴10d左右即可自行脱落。

第四节 育成羊的饲养

1. 育成羊有什么特点？

育成羊是指断奶至第一次配种这一年龄段的幼龄羊。断奶后3~4个月，生长发育快，增重强度大，对饲养条件需要高。育成期羊的管理直接影响到羊的提早繁殖，必须予以重视。母羔羊6月龄体重达到40kg，8月龄可以达到配种。实现当年母羔80%参加当年配种繁殖，育成期的饲养至关重要。

2. 羔羊育成前期应如何饲养?

育成前期的饲养管理要点：在这个时期，尤其是刚断奶的羔羊，生长发育快，瘤胃容积有限且机能不完善，对粗饲料的利用能力较差。因此，此时期羊的日粮应以精料为主，并能补给优质干草和青绿多汁饲料，日粮的粗纤维含量不超过15%~20%。

3. 育成后期羊应如何饲养?

育成后期的饲养管理要点：此时期羊的瘤胃机能基本完善，可以采食大量的牧草和青贮、微贮秸秆。日粮中粗饲料比例可增加到25%~30%，同时还必须添加精饲料或优质青贮、干草。

第五节　育肥羊的饲养

1. 肉羊育肥的原理是什么？有哪几种方法?

肉羊育肥是为了在短期内迅速增加肉量、改善品质，生产优质优良的羊肉。育肥的原理就是一方面增加营养的储积，另一方面减少营养的消耗，使同化作用在短期内大量地超过异化作用，使摄入的养分除了维持生命之外，还有大量的营养蓄积在体内，形成肉与脂肪。由于形成肉与脂肪的主要饲料原料是蛋白质、脂肪和淀粉，因此在育肥饲养时必须投入较多的精料，在育肥羊能够消化吸收的限度内供给精料。

肉羊育肥根据不同地区的自然条件和饲料资源，通常可分为放牧育肥、舍饲育肥和半舍饲育肥3种方式。

2. 肉羊育肥前要进行哪些准备?

羔羊育肥前期的准备除了饲草、饲料和饲喂设备、圈舍、人员和资金等生产必备条件外，主要是育肥羔羊的准备，包括以下几点。

(1) 羔羊的断奶和训练采食。育肥开始前要训练这些羔羊采食饲料。每天空腹时让羊采食，后者用人工的方法强行往羔羊嘴里塞料。饲料要粉碎，要配入适口性好的玉米、豆饼等，并加入适量的食盐。经过1周的训练后羔羊渐渐可以采食饲料。

（2）羔羊驱虫、药浴、防疫注射。在温暖湿润的南方地区山羊容易感染内外寄生虫，阻碍山羊生长发育。育肥山羊，在育肥前一定要驱虫和药浴。

3. 育肥羊如何进行饲养管理？

（1）育肥前期。管理的重点是观察羔羊对育肥管理是否习惯，有无病态羊，羔羊的采食量是否正常，根据采食情况调整补饲标准、饲料配方等。育肥前应对羊群进行驱虫。

（2）育肥中期。应加大补饲量，增加蛋白质饲料的比例，同时要注重饲料中营养的平衡和质量。

（3）育肥后期。在加大补饲量的同时，增加饲料中的能量，适当减少蛋白质的比例，以增加羊肉的肥度，提高羊肉的品质。补饲量的确定应根据体重的大小，参考饲养标准补饲，并适当超前补饲，以期达到应有的增重效果。无论是哪个阶段都应注意观察羊群的健康状态和增重效果，随时调整育肥方案和技术措施。

4. 如何对断奶羔羊进行育肥？

肥羔生产是养羊业的一大发展，也是为了适应饲料资源的季节性变化而采取的一项有效措施。肥羔羊膻味轻，精肉多，脂肪少，鲜嫩多汁，易于消化。同时饲料报酬高，这时羔羊的生长势最为旺盛。增重快，成本低，极为经济。发展肥羔生产不仅可以加快羊肉生产，同时可以提高羊群中母羊的比例，加快畜群周转。利用夏秋季草料资源抓膘育肥，进行肥羔生产，不过冬就屠宰，可以节约草料、棚圈，从而用来养好过冬的怀孕母羊与后备羊，一举多得，是发展养羊生产的好途径。羔羊育肥以舍饲条件下进行较好，所用饲料除优良的豆料与鲜、干青草外，青贮料、根茎类饲料、加工副产品（如酒糟、豆饼、麸皮、糠、渣等）也都很好。也可采用秋季放牧结合补饲进行肥育的方法。

5. 如何对成年羊进行育肥?

成年羊的育肥在我国较普遍采用，主要利用淘汰的公羊与母羊，加料催肥，适时宰杀，供应市场。这种方法成本低、简单易行。成年羊骨架发育已经完成，如育肥得当，也可得到较好的育肥成效。成年公羊的育肥是以利用农副产品与精料为主，比如将大豆、豌豆、大麦或饼类煮熟，强力饲喂，并补以鲜、干青草，育肥成效很好。有的则采用夏秋季节放牧抓膘，或在秋茬补精料，春节前膘壮时屠宰，这样可使市场上得到物美价廉的羊肉。供育肥的公羊应去势，去势后可以做到更好的育肥，改善肉的品质。因为去势后体内代谢及氧化作用均降低，有利于脂肪储积，同时又可降低育肥羊每增重 1kg 所消耗的饲料量。育肥期的长短，应视喂养水平与育肥成效而定。舍饲育肥通常为 75~100d，育肥期过短育肥成效不显著，过长饲料报酬低。

第六节　繁殖母羊的饲养

1. 繁殖母羊饲养管理分为哪几个阶段?

繁殖母羊是羊群发展的基础，饲养得好坏，直接关系到羊群的发展，品质的提高和改善。因此，要求对繁殖母羊长年保持良好的饲养管理条件，以完成配种、妊娠、哺乳和提高后代生产性能等任务。生产中，繁殖母羊的饲养管理分为空怀期、怀孕期和哺乳期三个阶段。

2. 空怀期母羊应如何饲养?

我国各地由于产羔季节不同，空怀期的时间也不同。产冬羔的母羊，一般是 5—7 月为空怀期；产春羔的母羊，一般是 8—10 月为空怀期。该阶段母羊的饲养任务是从瘦弱的体况恢复到中等以上，以利配种。特别是在配种前一个半月，选择牧草丰茂且营养丰富的草地放牧，延长放牧时间，使母羊采食到尽可能多的青草，从而使其早日复壮，促进发情，提高受胎率和增加双羔率。

3. 妊娠期母羊应如何饲养?

怀孕母羊不仅要保证自身所需营养，还要保证胎儿所需营养。怀孕的前3个月为怀孕前期。怀孕前期胎儿发育较慢，所增重量仅占羔羊初生重的10%。此期的饲养任务是维持母羊处于配种时的体况，只要搞好放牧工作就可满足它对营养的需要。怀孕前期母羊对于粗饲料的消化能力较强，可以用优质秸秆部分代替干草来饲喂。舍饲的山羊应按羊只体重大小，调整粗饲料和精饲料的喂量。怀孕的后2个月为怀孕后期。怀孕后期胎儿生长发育快，约90%的体重在怀孕后期形成。因而母羊对营养物质的需要增加40%~60%，对钙和磷的需要增加1~2倍。此期须加强营养，应根据当地草料条件尽可能抓好补饲，除了补饲干草等粗饲料外，有条件的还要适量补饲精料和骨粉；应喂给体积较小、营养价值更高的饲料；严禁饲喂发霉变质的饲草饲料；不饮冰冻水；母羊临产前1周左右，不得远牧，但不可把临近分娩的母羊整天关在羊舍内，放牧时做到慢赶、不打、不惊吓、不跳沟、不走冰滑地和出入羊圈不得拥挤。对于可能产双羔的母羊及1岁多就配种的小母羊要更加注重管护饲养。

4. 母羊产羔前应做哪些准备?

（1）人员准备。产羔期间，除原有饲养人员以外，还要有接羔、护羔和育羔人员，约相当于原有饲养人员的2倍。产羔前对这些人员应进行岗位培训，合格者方可上岗。人员要实行定岗、定责、定任务、定饲养成本、定技术指标，奖惩分明，以提高管理水平和增强责任心。

（2）饲草、饲料准备。对临产和产后20d的母羊，要提供全价营养。需准备充足的优质干草、青贮玉米、块根饲料和含有各种微量元素及维生素的预混料。从而满足母羊产后恢复及哺乳羔羊的营养需要。

（3）产房准备。产房分为产羔室、育羔室和组群羔羊室。在妊娠母羊进入产羔期以前，应提前修缮和清扫作为产房的羊舍。产房的地面不能是水泥地面，可以用砖或三合土建成。产房要求地面干燥、空气新鲜、光线充足、挡风御寒。母羊进入产房前要对地面和墙壁用

5%火碱进行彻底的消毒，产羔期间要每周用低毒消毒剂消毒1次。产羔室的面积以能搭成占产羔母羊数10%~15%的分娩小圈为准。每个分娩小圈的长、宽、高分别为1.2m、1.5m、0.8m。育羔室的面积应为产羔室面积1/3，作为新生羔羊从产羔室到组群羔羊室的过渡期，组群羔羊室以能容纳100~150只羔羊母仔为宜，每只羔羊母仔应占面积1.5m^2，室内设有补草架和羔羊补料槽。

(4) 用具、用品和记录。产羔前，必须把产羔所用的饲槽、水槽、草架、水桶、拌料用具，以及与接产有关的器械、药品、标记和记录等用品准备齐全。

(5) 羊群。从配种开始应有计划地对妊娠母羊进行组群，按照配种先后进行情期组群。产羔前把母羊群分为妊娠前期、妊娠后期和临产期，这样便于根据不同生理阶段进行科学饲养，也便于产羔管理。

5. 哺乳期母羊应如何饲养?

羔羊出生后一定时期其营养主要来自母乳。母羊泌乳量及品质，直接关系到羔羊的生长发育和成活率。母羊补饲重点应放在哺乳初期。在哺乳初期，母羊刚生下小羊后身体虚弱，而母乳是羔羊重要的营养物质，尤其是羔羊出生后15~20d内，几乎是唯一的营养物质，应按母羊膘情及产羔数量，保证母羊全价饲养，以提高产乳量。一般来说，在放牧基础上，每天每只羊补喂多汁饲料2kg、干草0.5~1kg、混合精料0.3~0.5kg。在哺乳后期，母羊除放牧采食外，亦可酌情补饲，有利于其恢复体况。对产多羔的母羊，因身体在妊娠期间负担过重，营养消耗大，如果营养物质供应不足，母羊就会动用体内贮存的养分以满足产奶的需要，因此在饲养上应特别照顾，多喂给优质青干草和混合饲料。

第七节　种公羊的饲养

1. 优质种公羊应具有哪些特点?

种公羊是发展养羊生产的重要资料，对羊群的生产水平、产品品质都有重要影响。随着现代养羊生产技术的发展，对种公羊的品质要求越来越高。优质种公羊的饲养与培育是充分发挥其优良遗传性状的关键。优质种公羊应常年保持健壮结实的体质，中等以上体况，并具有旺盛的性欲和良好的配种能力，精液品质好，精子密度大、活力强，能保证母羊受孕。

2. 为了保证种公羊的品质，应注意哪些方面？

为了保证种公羊的品质，必须做到以下几点。

（1）应保证饲料的多样性，精粗饲料合理配比，尽可能保证青绿多汁饲料全年均衡供给。在枯草期较长的地区，要贮备充足的青贮饲料，同时注意补充维生素、矿物质。

（2）应保持较高蛋白质水平的日粮，即使在非配种季节，也不能单一饲喂青绿多汁饲料或粗饲料，应补饲一定的精料。日饲喂量取决于体重、配种任务和气温等因素。在饲喂时注意，10 月龄前应自由采食，10 月龄后定时定量饲喂，冬季寒冷季节采食量增加 10%~20%。全年配种，可采用高水平标准饲养。

（3）种公羊必须保证适度的运动时间，提高精子的活力，尤其是非配种季节的公羊更为重要，可以避免因过肥影响种公羊性欲和配种能力。一般每天放牧运动 6~8h。如果运动不足，会产生食欲不振，消化能力差，影响精子活力。

（4）种公羊应与母羊分开饲养，并做好修蹄、圈舍消毒及环境卫生等工作。夏季，持续的高温会严重影响种公羊繁殖力，精液质量下降，应采取洗澡、间隔喷水、通风的方式予以降温。冬季，舍内要铺设垫草，确保羊舍的保暖。每天清扫 1 次羊舍，保持羊体清洁卫生。

（5）对种公羊的态度要和蔼，严禁踢打，在配种射精过程中不得给予任何干扰。

3. 种公羊饲养管理要点有哪些？

种公羊精液数量和品质，取决于饲料的全价性和合理的管理。种公羊获得充足的蛋白质，则性欲旺盛，精子活力强，密度大，母羊情期受胎率高。种公羊在一年中的任何时期都应保持种用体况，在配种期应保持中等体况。在饲养上，应根据饲养标准配合日粮，放牧场地应选择优质的天然和人工草场。补饲日粮应富含蛋白质、维生素、无机盐，品质优良，易消化，体积较小和适口性好等。在管理上，可单独组群饲养，并要求有足够的运动量。实际生产中，种公羊的饲养管理分为配种期和非配种期。

（1）配种期。

① 日粮供给。由于种公羊采食的营养物质要经过几周的时间之后才能对其精液品质产生影响，因此，在配种前1~2个月，种公羊日粮应由非配种期的饲养标准逐渐增加到配种期的饲养标准，要求饲料营养价值高，有足量优质的蛋白质、维生素A、维生素D和无机盐等。配种期公羊应供给多种多样的饲草饲料，饲料要适口性好、易消化，而且不能喂给太多的粗饲料，否则会影响到配种能力和精液品质。在配种或采精频率较高时，要补饲2~4个生鸡蛋。

② 饲养管理日程。种公羊单圈饲养，适当运动、梳刮，以便提高精液质量；合理掌握配种次数，一般每天采精2~4次，连续采精3d，休息1d。定期进行预防接种和防治寄生虫病，并注意观察日常精神状态。

（2）非配种期。在非配种期，种公羊虽没有配种任务，但仍不能忽视其饲养管理。除放牧运动外，应补给足够的能量、蛋白质、维生素和无机盐。在休闲期的夏季，除了在优质草地上放牧外，还应每只每日补给0.5kg精料。在冬夏过渡期可考虑先减干草，后减精料，可因地制宜，但应长年补饲骨粉与食盐，坚持放牧与运动。

4. 如何对种公羊进行利用？

（1）公羊的调教。种公羊应在7~8月龄时进行调教，调教前增加运动量以提高其体质（运动能力和肺活量）。调教时，让其接触发情稳定的母羊，最好选择比其体重小的母羊进行训练。当后备公羊爬跨时，人工辅助配种，第1次配种完成时应让其休息，不可长时间训练，待第2天再进行调教，一般调教1h左右为宜。配种后，应休息一段时间，并观察有无异常。

（2）种公羊的使用强度。国外品种的种公羊达到8~10月龄，体重40~50kg，地方品种达到7~8月龄，体重35~40kg，可以开始交配使用。小于1岁应以每周2次为佳，1~2岁青年公羊可隔日1次，2~5岁的壮年公羊每周应有4~6次配种，连续4~5d后休息1d。任务繁重时，每天配种次数不应超过4次。自然交配，每只公羊可负担20~30只母羊；人工授精，每只公羊可负担150~200只母羊。

（3）种公羊的配种步骤。把母羊赶进交配的羊圈（如果与公羊的栏是分开的，则要先把公羊赶进去，然后再把母羊放进去）；拿着一块木板在羊栏内，随时准备阻止公母羊之间的干扰，但不可催赶公羊，而且要温和地引导公羊到母羊的后部，让其进行配种；轻声对公羊说话，以使其对人和场地逐步适应；当公羊爬上去时要仔细检查其生殖器是否从阴茎鞘中抽出，是否有异常，切不可用手去摸生殖器。只有在要插入肛门或公母羊激动或疲劳时，才能用带有一次性手套的手去帮助公羊的插入。交配完毕后，要让公羊在监督之下进行几分钟的求偶，但不要让其再爬跨母羊。把公羊赶回自己的栏内，分开公羊和母羊后要对公羊仔细检查，看公羊是否受到损伤；在交配登记本或公羊卡片上，对交配情况进行记录。

5. 如何提高种公羊利用效率?

（1）公母分开饲养。公羊单圈饲养，非配种期要与母羊保持一定距离，配种开始之前再拴于羊圈外或饲养在相邻羊圈内。

（2）控制配种强度。配种期种公羊每日配种或采精1~2次，连配2~3d，休息1d；交配最好在白天进行。

（3）适当运动。在放牧条件下，种公羊的适宜运动量能得以保证。在舍饲条件下，专门安排运动。

（4）小公羊早期利用。在良好的培育条件下，8~10月龄小公羊已具有基本正常的性行为和繁殖能力。增加额外的营养，尤其是易消化的蛋白质饲料，小公羊可控制利用。

（5）种公羊定期交换和及时淘汰更新。各羊群间种公羊要定期交换，避免近亲交配；及时淘汰更新公羊可以提高改良效果。

第八节　生态养羊管理关键技术

1. 如何进行分群管理？

（1）种羊场羊群。一般分为繁殖母羊群、育成母羊群、育成公羊群、羔羊群及成年公羊群。种羊场一般不留羯羊群。

（2）商品羊场羊群。一般分为繁殖母羊群、育成母羊群、羔羊群、公羊群及羯羊群，一般不专门组织育成公羊群。

（3）肉羊场羊群。一般分为繁殖母羊群、后备羊群及商品育肥羊群。

（4）羊群大小。一般细毛羊母羊为 200～300 只，粗毛羊 400～500 只，羯羊 800～1 000 只，育成母羊 200～300 只，育成公羊 200 只。

2. 怎样给羊打耳号？

编号是山羊育种中一项重要工作。一般采用打耳标法编号，耳标用铝或塑料制成，有圆形和长方形两种。根据需要，在上面记载羊的个体号、品种符号及出生年份等。用耳标钳在羊左耳基下部无血管处适当位置，消毒后打孔安装。

3. 绵羊如何剪毛？

要根据天气情况选择最佳剪毛时机，应选择晴朗的日子，在羊的体况良好时进行。提前剪毛或迟后剪毛，都可能遭受到不应有的损失，更重要的是影响出圈和抓夏膘。春季一般在 5—6 月，秋季在 9—10 月剪毛。细毛羊、半细毛羊 1 年只剪 1 次春毛，粗毛羊春、秋各剪 1 次毛。

剪毛前要排好羊只剪毛的先后顺序，先从低价值羊只开始，同一品种应按羯羊、试情羊、幼龄羊、种母羊和种公羊的顺序。绵羊在剪毛前 12h 停止放牧、饮水和饲喂，以免剪毛时粪便污染羊毛和发生伤亡事故。剪毛前应把羊群赶到狭小的圈内，挤在一起热量高，促使油汗液化和增加分泌，不利剪毛工作的进行。剪毛前 3～5d，对剪毛场所应进行认真的消毒和清扫，在露天场地剪毛应选在干燥的地方，并铺上席子，以免沾污羊毛。

剪毛方法有手工和机械两种方法。手工剪毛时，让羊左侧卧在剪毛台或木板、苇席上，羊背靠剪毛员，腹部向外。从左后胁部开始，由后向前剪掉腹部、胸部和右侧前后肢的羊毛。再翻转羊使其右侧卧下，腹部朝向剪毛员。剪毛员用右手提直绵羊左后腿，从左后腿内侧剪到外侧，再从左后腿外侧至左侧臀部、背部、肩部、直至颈部，纵向长距离剪去羊体左侧羊毛。然后使羊坐起，靠在剪毛员两腿间，从头顶向下，横向剪去右侧颈部及右肩部羊毛。再用两腿夹住羊头，使羊右侧突出，再横向由上向下剪去右侧被毛。最后检查全身，剪去遗留下的羊毛。

雨淋湿的羊，应在羊毛晾干后再剪。剪毛剪插得不宜太长，贴近皮肤均匀地把羊毛 1 次剪下，留茬要低，不要重剪二刀毛。剪毛时要小心操作，尽可能不要剪伤皮肤。一旦剪破，及时用碘酊涂抹，以防感染。剪毛时不让粪土、杂草等混入羊毛。剪毛动作要快，翻动羊只要轻，以免引起瘤胃臌气、肠扭转等。剪毛后，不可立即到茂盛的草地放牧。因为羊只已禁食十几个小时，放牧易贪食，往往引起消化道疾病。另外，在剪毛后 20d 左右，应选择晴朗的天气，对羊只进行药浴，以防止疥癣的发生，影响羊毛质量。

4. 绒山羊如何抓绒？

绒山羊抓绒一般在 4—5 月进行。抓绒前，羊只应空腹 12h 以上。抓绒时，一定要保定好羊只，一般是让羊只侧卧，用绳子将两条前腿和一条后腿绑在一起。先用稀梳，由前向后将毛丛中的杂物轻轻梳掉，然后用密梳从后向前反复梳，最后再从前向后梳，直至把脱落的绒纤维梳净为止。梳绒时，动作要轻，以免梳齿划破机体。对怀孕母羊要倍加小心，防止机械性损伤，引起流产。无论是体内寄生虫，还是体外寄生虫，都对绒山羊生产有很大影响。在春秋两季定期驱除体内外的寄生虫。

5. 怎样进行药浴?

药浴的目的是预防和治疗羊疥癣、羊虱等。根据药液使用方式，可分为池浴、淋浴和喷雾三种。药浴应在专门的池内进行，羊只较少时，也可在缸或桶内进行，主要用具有药浴振荡器、压扶杆、量水尺、温度表等。为保证羊只健康，每年春秋两季都要进行1次预防性药浴。两个月以内的羔羊、妊娠2个月以上的母羊、病羊和有外伤的羊不能进行药浴。药浴应选在晴朗、无风、温和的天气进行，最好间隔7d左右再浴1次，以确保效果。浴前8h应停止放牧和喂料，浴前2h要饮足水，以免药浴时因口渴误饮药液。

为防止药物中毒，开始时用几只羊试浴，观察无中毒反应后，方可大批入浴，应先浴健康羊，后浴疥癣羊，且水温保持在20~30℃。注意让浴液浸透羊只全身，头部用木叉压入浴液中2~3次。药浴时间取决于羊被毛厚度，以3~5min为宜。浴后羊只在回流台停留5~10min，使其身上浴液流回药池内。浴后不能马上放牧，应将药浴后的羊群赶到通风阴凉的羊棚或圈舍内，避免阳光直射引起中毒。同时，应禁止在密集高温、不通风的场所停留，以免吸入药物中毒，成羊和大羔羊要分别药浴，以免相互碰撞而发生意外。浴后要注意观察，羔羊因毛较长，药液在毛丛中存留时间长，药浴后2~3d仍可发生中毒现象。发现中毒，要立即抢救。用后的药液应妥善处理，不能随便倒掉，以免误食中毒。

6. 羔羊怎样去势?

去势亦称阉割，经去势的羊通常称为羯羊或阉羊。去势后的公羔，性情温顺，管理方便，节省饲料，肉的膻味小，且较细嫩。公羔出生后18d左右去势为宜，如遇阴天或羔羊体弱可适当推迟。

(1) 刀切法。用阉割刀或手术刀切开阴囊，摘除睾丸。助手坐于长凳上，将羔羊半蹲半仰地保定在长凳上。用碘酒消毒阴囊，然后一只手握住阴囊上部，防止睾丸缩回腹部，另一只手用消毒过的利刃在阴囊侧下方切开一口（以能挤出睾丸为度），把睾丸连同精索一起挤出阴囊并撕碎，同法取出另一侧睾丸。伤口涂碘酒消毒并撒上磺胺粉，以防感染发炎。对大公羊，要注意止血。去势后最初几天，要注意羊舍卫生，认真观察术部发炎与否，发现问题要及时处理。

（2）结扎法。此法适用于小羔。公羔出生 8～10h，将睾丸挤进阴囊里，用橡皮筋或细绳紧紧地结扎在阴囊的上部，越紧越好，目的是有效阻止阴囊部位的血液循环，断绝睾丸的血液供应。约经 15d，阴囊及睾丸萎缩后会自动脱落。

7. 怎样进行修蹄？

羊是放牧家畜，蹄如果不及时修整，易成畸形，由于蹄壳太长，造成行走困难，不能随群放牧，影响到放牧和采食。修蹄最好在雨后进行，此时蹄壳被雨水泡软，易于修整。绵羊在剪毛后和进入冬季饲养前各进行 1 次修蹄。平时还应随时检查，及时进行修蹄。修蹄时，羊背向着修蹄人，位于修蹄人两腿之间，先用果树修校剪修去过长的蹄壳，然后用利刃把蹄壳修得与蹄底接近平齐。注意不能修剪（削）过度，以修到蹄底见粉色为宜。蹄形过于不整齐者可间隔 10d 左右，分多次修整，连续两三次即可矫正。修整后的羊蹄，其蹄底平整，蹄呈方圆形。

8. 羊场生产记录档案有哪些？

生产记录档案包括羊只配种繁殖、生长发育、饲料使用、羊群周转、疾病防治及免疫注射用药、驱虫、消毒、无害化处理等记录，所有记录采用表格的形式，并按照有关规定进行保存。种羊场还应建立种羊系谱档案和种羊销售记录，并长期保存。

第七章　规模化生态羊场建设与设备

第一节　羊场的分类与规模

1. 羊场如何分类?

羊场分类方法多，根据繁育体系级别差异可以分为原种场、繁育场、商品场，也可简易分为商品羊场和种羊场。

2. 如何确定羊场规模?

羊场规模是羊场饲养羊只数量，一般以存栏能繁母羊数或以常年存栏头数或年上市头数来表示。

3. 羊场的生产技术指标有哪些?

羊场生产技术指标包括种羊繁殖参数、商品羊生产工艺参数和其他工艺参数。种羊繁殖参数一般包括公母比例、种羊利用年限、发情周期、情期受胎率、妊娠天数、分娩率、喂乳天数、年产胎数、产羔数、产活羔数等指标；商品羊生产工艺参数一般包括生长阶段划分及各阶段饲养天数、初生重、断奶重、出栏体重、日增重、饲料转化效率（料肉比）等；其他工艺参数一般有饲养密度、饲养员管理定额、转群节律、转群后空圈消毒时间等。

4. 如何确定羊群结构?

商品羊场羊群组成包括繁殖母羊群、育成母羊群、后备母羊群和羯羊，一般合理的群体要求繁殖母羊要达到整个群体数量的60%以上。种羊场由种母羊、种公羊、后备公羊、后备母羊和羔羊组成。

第二节　羊场场址的选择

1. 羊场场址选择的基本要求是什么?

羊场场址选择不当导致整个羊场运营不畅，经济效益受损，污染周边环境。新建、改建或扩建工程都必须考虑自然环境和社会条件，同时要遵循国家和地方有关畜牧生产区域布局、环保要求和相关政策，配合地方生产发展和资源合理利用等。

2. 羊场场址选择的自然因素有哪些?

自然因素包括场地的地形地势和面积、水源、土壤、气候条件等。

3. 羊场场址选择的社会因素有哪些?

社会因素包括交通运输、周边工厂居民点及其他畜牧场、能源和饲料供应、产品的市场需求、粪污处理及就地消纳条件、公共设施、养羊历史等。

第三节　羊场的规划布局

1. 羊场规划布局的原则是什么?

羊场规划布局的原则为将场内卫生防疫放在首位，种羊舍、羔羊舍放在防疫最安全位置，并考虑建筑物及各功能分区间的卫生间距；确定建筑物的适宜朝向及间距，创造采光和自然通风条件，保障足够的绿化用地和防火间距；便于饲养管理，合理组织场内外的人流和物流，为养羊生产创造最有利的环境条件和生产联系，实现高效生产。

2. 羊场各建筑物应如何分区布局?

羊场建筑物布局就是合理设计各种房舍建筑物及设施的排列方式和次序，确定每栋建筑物和每种设施的位置、朝向和相互间距。在布局时要综合考虑各建筑物之间的功能联系、场区的小气候状况以及畜舍的通风、采光、防疫、防火等要求，同时兼顾节约用地、布局美观整齐等要求。

第四节　羊舍建筑

1. 羊舍建筑设计时为什么必须考虑羊对环境的要求?

在规模化标准化养羊时，羊在羊舍的时间长，如果羊舍设计不合理，没有满足羊对环境的要求，可能影响羊只生长和健康。所以在羊舍建筑设计时必须要考虑羊对环境的要求。

2. 如何确定羊舍基本参数?

羊舍基本参数包括长度、跨度、舍内过道宽度、墙高、屋顶高、羊舍面积等。确定这些参数时要根据具体的地形、当地气候条件和当地建筑习惯来确定。

3. 羊舍建筑设计的原则是什么?

羊舍建筑设计要遵循科学合理、因地制宜、节约投资和用地、方便使用、防疫安全、环保过关等原则。

4. 羊舍建筑有哪些类型?

羊舍建筑类型依所在地区气候条件、饲养方式等不同而异。羊舍的形式按羊床在舍内的排列可划分为单列式、双列式。按屋顶样式分为单坡式、双坡式和拱形等。单坡式羊舍跨度小，自然采光好，适于小型羊场和农户；双坡式羊舍跨度大，保温力强，但采光和通风差，占地面积少。按羊舍墙体封闭程度划分为封闭式、敞开式和半敞开式，封闭式羊舍，具有保温性能强的特点，适合寒冷北方地区采用，塑膜暖棚羊舍亦属此类。半敞开式羊舍具有采光和通风好，但保温性能差，我国南北方普遍应用。敞开式棚舍可防太阳辐射，但保温性能差，适合炎热地区，温带地区在放牧草地也设有，属凉棚作用。在单列式羊舍中为使管理人员操作方便，又有带走廊和无走廊的形式，大型羊场多采用带走廊的双列式羊舍。

5. 羊舍可分为哪几种类型?

羊舍分为成年羊舍、分娩羊舍、青年羊舍和羔羊舍。

（1）成年羊舍。成年羊舍是饲喂基础母羊和种公羊的场所，多为头对头双列式，中间为饲喂通道。种公羊单圈，青年羊、成年母羊一列，同一运动场，怀孕前期一列、一个运动场。敞开、半敞开、封闭式都可，尽量采用封闭式。

（2）分娩羊舍。怀孕后期进入分娩舍单栏饲养，分娩栏 $4m^2$，每百只成年羊舍准备 15 个，羊床厚垫褥草，并设有羔羊补饲栏。一般采用双列式饲养，怀孕后期母羊一列、同一运动场，分娩羊一列、1 个运动场，敞开、半敞开、封闭式都可，尽量采用封闭式。

（3）青年羊舍。青年羊舍用于饲养断奶后至分娩前的青年羊。这种羊舍设备简单，没有生产上的特殊要求，功能与成年羊舍一致。

（4）羔羊舍。羔羊断奶后进入羔羊舍，合格的母羔羊 6 月龄进入后备羊舍，公羔至育肥后出栏，应根据年龄段、强弱大小进行分群饲养管理。关键在于保暖，采取封闭式，双列、单列都可。

羊舍分类不是绝对的，也可分：羔羊舍、育肥羊舍、配种舍（种公羊、后备羊、空怀母羊）、怀孕前期羊舍、怀孕后期羊舍，设计时可单列或双列饲养，羊舍尽量不要那么复杂，管理方便即可。

6. 建造羊舍在材料和工艺上有哪些要求?

羊舍建筑材料没有特殊要求，可就地选材也可选用工业建材，为了保证防寒保暖和防暑降温，可以选择隔热性能好的材料作为羊舍屋顶。

第五节　养羊设施设备

1. 羊场的附属设施有哪些?

羊场附属设施包括消毒设施、饮水设施、饲喂设施、通风换气设施、牧草贮藏设施、辅助设施。消毒设施包括药浴设施、场区入口车辆消毒设施、更衣与消毒室等。一般羊场可用水桶、水槽、水缸给羊饮水，大型集约化羊场一般采用自动饮水器，以防止致病微生物污染。饲喂设施包括饲槽及草架等。通风换气设施包括风机、风扇、空调等。牧草贮藏设施包括青贮池（窖、塔、袋）和干草棚等。辅助设施包括兽医室、人工授精室、栅栏和其他设备，如生长发育性能测定设备（小型秤、卷尺、测杖等)、运输车辆等。

2. 如何建造药浴池?

在羊场内选择适当地点修建药浴池。药浴池一般深 1m，长 10m，池底宽 0.6m，上宽 0.8m，以 1 只羊能通过而转不过身为度。入口一端是陡坡，出口一端筑成台阶以便羊只攀登，出口端并设有滴流台，羊出浴后在羊栏内停留一段时间，使身上多余的药液流回池内。药浴池一般为长方形，似一条狭而深的水沟，用水泥筑成。小型羊场或农户可用浴槽、浴缸、浴桶代替，以达到预防体外寄生虫的目的。另外大型羊场还可以采用淋浴式，修建密闭的淋浴通道，上下左右分别安装 4 排喷淋管，使羊从通道过去后全身能均匀地被药液浸透。

3. 羊场青贮设备有哪几种?

羊场青贮设备包括铡草机、粉碎机、装载机、碾压机等。

4. 羊场牧草收获器械有哪些?

羊场牧草收获器械包括通用型青饲收获机、玉米收获机、割草机、搂草机、压捆机等。

5. 羊场饲料加工机械有哪些?

羊场饲料加工机械有铡草机、粉碎机、揉碎机、压块机、制粒设备、糊化机、TMR 饲料搅拌机、袋装青贮装填机等。

第六节　羊场环境保护

1. 羊场为什么要进行绿化?

羊场绿化可以营造一个羊场小气候环境，可以起到遮阴、防疫、降尘等作用。

2. 羊场怎样进行合理绿化?

羊场四周及主干道两侧可以栽种树木或乔木、各栋羊舍之间设置绿化草坪。

3. 规模化羊场羊粪如何处理?

规模化羊场羊粪数量多，可以采用堆肥发酵、生产沼气等方式达到无害化处理，经过处理后的羊粪可以还田、种植菌类、养殖蚯蚓等。

4. 规模化羊场羊尿、污水应如何处理?

羊尿和污水要经过沉淀、过滤和消毒处理，达到排放标准后可用于灌溉和水产养殖。

5. 羊场病死羊应如何处理?

病死羊要经过无害化处理，可以设置尸坑、焚烧炉等设施进行处理。

第八章　羊病防治

第一节　羊场卫生防疫措施

1. 羊场为什么要建立卫生防疫制度?

羊群疫病防疫工作是羊场生产的重要组成部分。卫生防疫是养殖场对各种传染病的控制和监测，并逐渐消灭了各种传染病的发展和流行的措施。因此，规模化羊场必须建立一套适宜的卫生防疫制度，包括羊场防疫制度、疫情报告制度、消毒制度、投入品管理制度、无害化处理制度、检疫申报制度、档案管理制度和羊群标识管理制度等内容。

2. 羊病的综合防治措施有哪些?

羊病的综合防治措施如下。

(1) 坚持自繁自养制度。最大限度减少场外病原的侵入，做好环境卫生，制定和健全羊场卫生防疫制度，消除环境病原微生物。

(2) 做好疫病监控。采取各种监控方式，检测羊群传染病，采取措施控制疫病发生，做好进出羊场羊群的检疫工作。

(3) 制定合理免疫程序，做好免疫接种工作。

(4) 紧急防控措施。羊群发生传染性疾病时，迅速收集和汇报临床症状，采取专业防治方法进行疫病防控治疗。

(5) 隔离措施。羊群发生传染病时，尽快将患病羊、疑似病羊与健康羊群隔离，假定健康羊群需进行疫苗紧急接种，必要时转移和分散羊群，消除和控制传染源，中断羊病流行途径，扑灭疫情。

(6) 消毒措施。消灭传染源所在外界环境中的病原体，完全阻断传播途径，阻止疫病的传播，包括圈舍和运动场地消毒、地面土壤消毒、粪便消毒、饮水消毒和运输工具消毒等。

(7) 做好患病死亡羊尸体的无害化处理，深埋或焚烧病死羊尸体。

(8) 做好生物安全措施。消除环境中的虻、蚊蝇、跳蚤、虱子、蜱等吸血昆虫，并做好灭鼠工作。

3. 羊传染病扑灭的措施有哪些?

羊场发生传染病时，需要从消毒和防疫两方面着手，有以下措施。

(1) 羊场的消毒技术。羊场消毒的目的是消灭传染源，即散播于外界环境中的病原微生物，切断传播途径，阻止疫病继续蔓延。羊场应建立切实可行的消毒制度，定期对羊舍地面土壤、粪便、污水、皮毛等进行消毒。

① 入场消毒。进入羊场设置消毒通道，通道室内两侧、顶壁设紫外线灯和消毒液喷雾消毒器，地面设消毒池，用塑料地垫浸4%氢氧化钠溶液，入场人员要更换鞋，穿专用工作服，消毒液应浸没工作鞋底面，所有进入人员须在消毒池经过紫外线照射20min后，方可进入场地，同时做好进出人员的登记工作。

② 羊舍消毒。羊场大门设置消毒池，经常喷4%氢氧化钠溶液或3%过氧乙酸等。将消毒液盛于喷雾器，喷洒天花板、墙壁、地面，再开门窗通风，用清水刷洗饲槽、用具，将消毒药味除去。若羊舍可做到密闭，可进行福尔马林熏蒸消毒。羊舍消毒每周1次，每年再进行2次彻底消毒。

③ 产房消毒。在产羔前进行1次，产羔高峰时进行多次，产羔结束后再进行1次。在病羊舍、隔离舍的出入口处应放置浸有4%氢氧化钠或百毒杀溶液的塑料地垫，防止病原的交叉感染和传播。

④ 地面消毒。羊场运动场的土壤表面可用10%漂白粉溶液，4%福尔马林或10%氢氧化钠溶液进行消毒。

⑤ 粪便消毒。羊的粪便消毒最常用的生物热消毒法。在距羊场

100m 以外的地方修建水泥堆粪场，将羊粪堆积起来，喷少量水，上面覆盖湿泥或塑料布封严，堆放发酵 30d 以上，利用生物热将粪便内病原微生物及寄生虫等杀灭，即可作肥料。

⑥ 污水消毒。将污水引入处理池，加入化学消毒剂（如漂白粉或其他氯制剂）进行消毒，按照 1L 污水用 2~5g 漂白粉。

（2）疫病防疫措施。

① 隔离治疗。将病羊、疑似患病羊、健康羊隔离饲养，采取相应措施进行治疗，切断疫病传播途径。

② 紧急接种。对无临床症状的假定健康羊群进行疫苗紧急接种工作，确保羊群疫病的抗体水平具有保护力。

③ 无害化处理。采取深埋、焚烧等措施无害化处理病死羊尸体，不能随意丢弃病羊尸体，控制和消除传染源。

4. 有哪些羊场免疫程序可供参考？

各地各场羊群免疫程序不尽相同，可根据本场情况，有选择地进行疫苗免疫。羊群免疫程序可参考下表。

表 8-1　羔羊免疫程序

接种时间	疫苗	接种方式	免疫期
7 日龄	羊传染性脓疱皮炎灭活苗	口唇黏膜注射	12 个月
15 日龄	山羊传染性胸膜肺炎灭活苗	皮下注射	12 个月
2 月龄	山羊痘灭活苗	尾根皮内注射	12 个月
2.5 月龄	牛 O-Asia Ⅰ 型口蹄疫灭活苗	肌内注射	6 个月
3 月龄	羊梭菌病三联四防灭活苗	皮下或肌内注射（第 1 次）	6 个月
	气肿疽灭活苗	皮下注射（第 1 次）	7 个月
3.5 月龄	羊梭菌病三联四防灭活苗、Ⅱ号炭疽芽孢菌	皮下或肌内注射，第 2 次皮下注射	6 个月
	气肿疽灭活苗	皮下注射（第 2 次）	7 个月
4 月龄	羊链球菌灭活苗	皮下注射	6 个月
5 月龄	布鲁氏菌病活苗（猪 2 号）	肌内注射或口服	36 个月
7 月龄	牛 O-Asia Ⅰ 型口蹄疫灭活苗	肌内注射	6 个月

表 8-2　成年母羊免疫程序

接种时间	疫苗	接种方法	免疫期
配种前 2 周	牛 O-Asia Ⅰ型口蹄疫灭活苗	肌内注射	6 个月
	羊梭菌病三联四防灭活苗	皮下或肌内注射	6 个月
配种前 1 周	羊链球菌灭活苗	皮下注射	6 个月
	Ⅱ号炭疽芽孢苗	皮下注射	6 个月
产后 1 个月	牛 O-Asia Ⅰ型口蹄疫灭活苗	肌内注射	6 个月
	羊梭菌病三联四防灭活苗	皮下或肌内注射	6 个月
	Ⅱ号炭疽芽孢菌	皮下注射	6 个月
	羊链球菌灭活苗	皮下注射	6 个月
产后 1.5 个月	山羊传染性脑膜肺炎灭活苗	皮下注射	12 个月
	布鲁氏菌病灭活苗（猪 2 号）	肌内注射或口服	36 个月
	山羊痘灭活苗	尾根皮内注射	12 个月

表 8-3　成年公羊免疫程序

接种时间	疫苗	接种方法	免疫期
配种前 2 周	牛 O-Asia Ⅰ型口蹄疫灭活苗	肌内注射	6 个月
	羊梭菌病三联四防灭活苗	皮下或肌内注射	6 个月
配种前 1 周	羊链球菌灭活苗	皮下注射	6 个月
	Ⅱ号炭疽芽孢苗	皮下注射	6 个月

5. 有哪些羊场驱虫程序可供参考？

根据当地寄生虫病流行规律，有计划地对羊群进行全群预防性驱虫。目前多采用春秋两次或每年 4 次进行全群驱虫工作。

（1）外寄生虫。药浴或淋浴是防治羊外寄生虫病，特别是螨病的有效防治方法。常用的药物有螨净、巴胺磷、溴氰菊酯等，可配制成药液在药浴池内进行。需要选择天气暖和时进行药浴，结束后要注意防风避寒，防止羊群感冒。

（2）内寄生虫。一般选在春季放牧前和秋季转入舍饲后，在羊圈内对羊群进行全群给药驱虫。驱虫间隔期一般为3个月，注意选用合适的药物，合理给药期及给药方式。驱虫工作后1周内羊群的粪尿等要集中进行堆积发酵，消灭虫卵，并对圈舍进行彻底消毒，结合寄生虫传播媒介的清理工作，避免羊群的二次感染。

6. 影响疫苗免疫效果的因素有哪些？

影响疫苗免疫效果的因素有以下几个方面。

（1）疫苗方面。确保疫苗质量，从正规渠道收购疫苗，注重疫苗的质量，检查是否有分层、结冰等现象，检查疫苗生产日期和有效期，不要购买过期或变质疫苗；确保疫苗冷链运输，如确保疫苗从厂家运输到基层单位，有必要确保其2~8℃的保存条件，防止疫苗因温度变化而变质失效；使用前复温至室温并摇匀，减少羊应激反应，提高免疫效果。

（2）接种时机。选择合理的免疫接种时间，如夏季应选清晨或傍晚，冬季应选在正午等，避免在恶劣的气候条件进行疫苗接种；仅接种健康羊，病羊、衰弱、妊娠后期羊不宜接种疫苗。

（3）免疫程序。确定合理的免疫程序，避免多种疫苗同时接种，减少疫苗间相互影响。

（4）注射方法。选择合理的接种方式，按照疫苗接种要求进行皮下注射、皮内注射、肌内注射、滴鼻或点眼等方式进行疫苗接种；做好记录，确保所有羊均接受疫苗接种。

7. 养羊常用的消毒方法有哪些？

养羊常用的消毒方法如下。

（1）物理消毒法。包括清扫法、日光照射、紫外线照射、干燥和高温消毒（煮沸、高压蒸汽），还可用火焰消毒剂清洗消毒法等。

（2）化学消毒法。采用化学消毒剂杀灭病原微生物的方法，如熏蒸消毒法、浸泡消毒法、饮水消毒和喷雾消毒法等。

（3）生物消毒法。将羊粪、废弃垫料进行堆积发酵，利用嗜热细菌繁殖产生的生物热杀灭芽孢菌以外的大多数病原、寄生虫虫卵，达到消毒目的。

8. 如何进行羊病诊断?

可通过以下几个方面进行羊病诊断。

(1) 问诊。通过询问饲养员，了解羊只发病时间，发病只数，发病前后的临床表现、病史、治疗用药情况及疫苗免疫情况及饲养管理状况等。

(2) 望诊。观察病羊的肥瘦、姿势、运动、被毛、皮肤、黏膜、粪尿等状况。急性病羊身体一般较健壮；慢性病羊常较瘦弱；观察病羊运动姿势，了解发病部位；健康羊步伐活泼而稳定；病羊则行动不稳，懒动或跛行。

健康羊被毛平整光滑。病羊被毛杂乱蓬松，常有被毛脱落，皮肤有蹭痕和擦伤等。健康羊可视黏膜为粉红色。若可视黏膜潮红，多为体温升高；苍白色，多为贫血；黄色，多为黄疸；发绀则多为呼吸系统疾病或心血管疾病。若羊的采食、饮水减少或停止，须检查羊口腔有无异物、溃疡等；若羊反刍减少或停止，常为前胃疾病。

若粪便干结，多为缺水和肠弛缓；粪便稀薄，多为肠机能亢进；混有黏液过多或纤维素性膜，则为肠炎；含有完整饲料且呈酸臭味，则为消化不良；若有寄生虫或节片，则为寄生虫感染；排尿困难、失禁则为泌尿系统发生炎症、结石等。呼吸次数增多，常为急性、热性病、呼吸系统疾病及贫血等；呼吸次数减少，则多为中毒及代谢障碍性疾病。

(3) 嗅诊。通过嗅觉了解羊群的分泌物、排泄物、气体及口腔气味。如发生肺炎时，鼻液带有腐败性恶臭；胃肠炎时，粪便腥臭或恶臭；羊只消化不良时，呼气酸臭，粪便亦为酸臭味。

(4) 触诊。用手感触羊只被检查的部位，以确定各组织器官是否正常。可采用体温计测量羊只体温，羊的正常体温为38~39.5℃，羔羊高出约0.5℃；可用手指触摸每分钟跳动次数和强弱等，山羊的脉搏一般是70~80次/min。当羊发生结核病，伪结核病、羊链球菌病时，体表淋巴结往往肿大，其形状、硬度、温度、敏感性及活动性等都会发生变化。

（5）听诊。

① 心脏。心音增强，见于热性病的初期；心音减弱，见于心脏机能障碍的后期或患有渗出性胸膜炎、心包炎；第二心音增强时，见于肺气肿、肺水肿、肾炎等病理过程中。若有其他杂音，多为瓣膜疾病、创伤性心包炎、胸膜炎等。

② 呼吸音。主要通过听诊器听取山羊肺部声音变化，确定山羊发病情况。肺泡呼吸音过强，多为支气管炎，过弱则多为肺泡肿胀，肺泡气肿、渗出性胸膜炎等。支气管呼吸音多为肺炎的肝变期，如羊传染性胸膜肺炎等。

③ 啰音。干啰音多见于慢性支气管炎、慢性肺气肿、肺结核等；湿啰音者多为肺水肿、肺充血、肺出血、慢性肺炎等；捻发音多见于慢性肺炎、肺水肿等；摩擦音多见于纤维素性胸膜炎，胸膜结核等。

④ 腹部听诊。主要听取腹部胃肠运动的声音。山羊瘤胃蠕动次数为1~1.5次/min，瘤胃蠕动音减弱或消失，多为前胃弛缓或发热性疾病。肠音亢进多见于肠炎初期；肠音消失多为便秘。

（6）叩诊。叩诊胸廓为清音，则为健康羊；若为水平浊音，则为胸腔积液；半浊音，则为支气管肺炎；叩诊瘤胃呈鼓音，则见于瘤胃臌气。

9. 如何给羊打针、喂药？

给羊打针、喂药方法如下。

（1）群体给药法。

拌料饲喂和饮水给药。前者将药物均匀混入饲料中，适合长期投药，且给药方便；后者是将药物溶解于饮水中，方便羊群饮用，适合不能采食但饮水的羊群。

（2）个体给药法。

① 口服法。可将片剂、粉剂或膏剂等药物装入投药器中，从口腔伸入到羊舌根处，将药物放入；或者将药物用水溶解后，用长颈瓶、塑料瓶将药物从羊嘴角部灌入。

② 灌肠法。将药物配成液体，直接灌入羊只的直肠内。

③ 灌胃法。先将胃管插入鼻孔内，沿下鼻道慢慢送入咽部，也

可经过口腔插入胃管，经食道插入胃内，将用水溶解的药物经胃管灌入胃内。

④ 皮肤涂药法。将药物直接涂抹于羊只皮肤病变部位表面。用于羊只患有疥癣、皮肤外伤、口疮等疾病的治疗。

⑤ 注射法。羊只的临床疾病常需注射药物治疗，包括皮下注射、肌内注射、静脉注射和气管注射等。注射前需将注射器和针头清洗洁净，煮沸 30min 后才可使用。有条件者，可使用 1 次性注射器。

皮下注射：把药液注射到羊的颈部或者大腿内侧的皮肤和肌肉之间。凡易于溶解又无刺激性的药物及疫苗等，均可进行皮下注射。

肌内注射：将灭菌的药液注入羊颈部肌肉比较多的部位。刺激性小、吸收缓慢的药液，可采用肌内注射。

静脉注射：将灭菌的药液直接注射到羊颈静脉内，使药液随血流很快分布到全身，迅速发生药效。一般用于输液，药物刺激性大，不宜皮下或肌内注射的药物，可采用静脉注射。

气管注射：将药液直接注入气管内。一般用于治疗气管、支气管和肺部疾病的药物治疗。

腹腔注射：将药物或者营养液通过羊右肷部刺入长针头，再连接上注射器或输液器，将药物输入即可。一般用于补充体液营养物质，以治疗内脏疾病或者补液。

瘤胃穿刺给药：在羊右肷部最高处，将套管针垂直刺入羊瘤胃内，放出瘤胃气体，然后将药物注射入瘤胃内。常用于进行瘤胃放气后，防止胃内容物继续发酵产气，注入止酵剂及有关药液。

第二节　常见传染病防治

1. 羊传染性眼结膜炎如何防治?

一般病羊若无全身症状，在半个月内可以自愈。发病后应尽早治疗，越快越好。

（1）西药治疗。病初利用利福平和氯霉素滴眼液交替点眼即可。

对患眼也可用2%~4%硼酸液洗眼，拭干后再用3%~5%弱蛋白银溶液滴入结膜囊中，每天2~3次，也可以用0.025%硝酸银液滴眼，每天2次，或涂以红霉素眼膏。如有角膜混浊或角膜翳时，可涂以1%~2%黄降汞软膏，每天1~2次。可用4%硼酸水溶液逐头洗眼后，再滴以5 000IU/mL普鲁卡因青霉素（用时摇匀），每天2次，重症病羊加滴醋酸可的松眼药水。

（2）饲养管理。对病羊采取舍饲喂养，避免强烈阳光照射，以利患眼康复。有条件的羊场，应建立健康群，立即隔离病羊，对羊圈定时清扫消毒。新购买的羊只，至少需隔离60d，方能允许与健康羊群合群。

2. 羊口蹄疫如何防治？

发生口蹄疫后，一般不允许治疗，患病动物及同群动物全部扑杀销毁。哺乳母羊或羔羊患病时立即断奶，羔羊人工哺乳或饲喂代乳粉。0.1%高锰酸钾溶液或食醋、0.2%福尔马林冲洗创面之后涂碘甘油或1%~2%明矾液，或撒布冰硼散。乳房用肥皂水或2%~3%硼酸水清洗，然后涂抹青霉素软膏等刺激性较小的防腐软膏。

畜舍应保持清洁、通风、干燥。可用10~20g/L的氢氧化钠溶液、10mL/L福尔马林溶液、50~500g/L的碳酸盐溶液浸泡或喷洒污染物，在低温时可加入100g/L的氯化钠。预防接种：应选用与当地流行毒株同型的疫苗，目前可用口蹄疫O型-亚洲Ⅰ型二价灭活疫苗，按照1mL/只剂量肌内注射，15~21d后加强免疫1次，每年2~3次。

3. 羊小反刍兽疫如何防治？

限制疫区的绵羊和山羊的运输。对来自疫区的动物要进行严格检疫，限制从疫区进口动物及其产品。对有传染病动物及时扑杀，尸体要焚烧、深埋。发生疫情的畜舍应彻底清洗和消毒（可使用苯酚、氢氧化钠、酒精、乙醚等）。给全群羊接种小反刍兽疫疫苗等，保护期可达3年。

4. 羊肠毒血症如何防治?

(1) 西药治疗。急性发病者，药物治疗通常无效。病程慢者，可用抗生素或磺胺药，结合强心、镇静对症治疗。如 12%复方磺胺嘧啶注射液 8mL，1 次肌内注射，每天 2 次，连用 5d，首量加倍。

(2) 采取促进肠蠕动增强的措施。保证充足运动场地和运动时间，控制精料饲喂量，不可过多采食青嫩牧草。发病时，增加粗饲料饲喂量，减少或停止精料饲喂，加强运动。在舍饲管理的后期用三联(快疫、猝疽、肠毒血症)菌苗或五联苗进行预防接种，每次 5mL，肌内注射，共接种 2 次，间隔为 16~20d，免疫期为 6 个月。羔羊从 5 周龄开始接种疫苗。

5. 羊传染性胸膜肺炎如何防治?

(1) 消毒隔离措施。发病羊群应及时对全群进行逐只检查，对病羊、可疑病羊和假定健康羊分群隔离和治疗；对被污染的羊舍、场地、饲管用具和病羊的尸体、粪便等，应进行彻底消毒或无害化处理。

(2) 药物治疗措施如下。酒石酸泰乐菌素注射液 2~10mg/kg 体重，皮下或肌内注射，每天 2 次，连用 3d。

左氧氟沙星注射液 2.5~5mg/kg 体重，5%葡萄糖注射液 500mL，地塞米松注射液 4~10mg，静脉注射，每天 1 次，连用 3d。

用新胂凡纳明 (914) 静脉注射，证明能有效地治疗和预防本病。据报道，病初使用足够剂量的土霉素、林可霉素、壮观霉素、四环素或氟甲砜霉素 (氟苯尼考) 等有治疗效果。

(3) 检疫及疫苗接种措施。除加强饲养管理、做好卫生消毒工作外，关键问题是防止引入或迁入病羊和带菌羊。新引进羊只必须隔离检疫 1 个月以上，确认健康时方可混入大群。

免疫接种是预防本病的有效措施。我国目前除原有的用丝状支原体山羊亚种制造的山羊传染性胸膜肺炎氢氧化铝苗和鸡胚化弱毒苗以外，最近又研制成绵羊肺炎支原体灭活苗。应根据当地病原体的分离结果，选择使用。如用山羊传染性胸膜肺炎氢氧化铝苗预防，半岁以下山羊皮下或肌内注射3mL，半岁以上注射5mL，免疫期为1年。

6. 羊口疮如何防治?

（1）药物治疗措施。可分别采用西药或者中药治疗，也可中西药结合治疗。

口唇型用水杨酸软膏将创面痂垢软化，剥离后再用0.2%高锰酸钾溶液冲洗创面，涂2%龙胆紫、土霉素软膏或碘甘油溶液，每天1~2次，直至痊愈。蹄型病羊则将蹄部清洗干净后，置于5%~10%的福尔马林溶液中浸泡1min，连续浸泡3次。

外用药：75%酒精100mL、碘化钾5g、碘片5g溶解后，加入10mL甘油涂于疮面，或用5%四环素涂于疮面，每天2次。同时，每次内服用量维生素B_2 0.6g，维生素C 0.6g，吗啉双呱0.8g/kg。每天2次，连续服用5d。

体温升高者，可肌内注射青霉素80万~160万IU，维生素E 0.5~1.5g，复合维生素B 20~30g，每天2次，连续3d。为了降低应激，可肌内注射青霉素80万~160万单位，5mg/mL地塞米松1mL、100mg/mL病毒唑2mL、复合维生素B 20~30g、维生素E 0.5~1.5g，每天2次，连续使用3d。

（2）预防措施。对引入羊进行严格检疫，引入羊必须隔离观察2~3周，期间多次清洗蹄部，确定是健康羊后才可混群饲养。保护羊的皮肤黏膜，剔除饲料和垫草中的芒刺、玻璃渣、铁钉等锐利物。免疫接种羊脓疱弱毒疫苗，疫苗株毒类型应与当地流行毒株相同。或采集当地自然发病羊的痂皮提取病原后，制成活毒疫苗，对无病羊接种，接种地方在尾部皮肤暴露处，大约10d后产生免疫力，持续作用1年。

7. 羊快疫如何防治?

可采用12%复方磺胺嘧啶注射液，用量为8mL，1次肌内注射，每天2次，连用5d。10%安钠咖注射2~4mL，维生素C注射液0.5~1g，地塞米松注射液2~5mg，5%葡萄糖生理盐水200~400mL。混匀，1次静脉注射，连用3~5d。

由于本病的病程短促，往往来不及治疗，须加强平时防疫措施。发生本病时，将病羊隔离，对病程较长的病例试行对症治疗，宜抗菌消炎、输液、强心，应将所有未发病羊只，转移到高燥地区放牧，加强饲养管理，防止受寒感冒，避免羊只采食冰冻饲料，早晨出牧不要太早。用菌苗进行紧急接种。在本病常发地区，每年可定期注射1~2次羊快疫、猝疽二联菌苗或快疫、猝疽、肠毒血症三联苗。对怀孕母羊在产前进行2次免疫，第1次在产前1~1.5个月，第二次在产前15~30d，但在发病季节，羔羊也应接种菌苗。

8. 羊痘如何防治?

（1）严格消毒和隔离。一旦暴发羊痘，应立即对发病羊群进行隔离治疗，并加强护理，注意卫生，防止继发感染。必要时进行封锁，封锁期为2个月。对发病羊群所污染的羊圈、饲料槽及运动草场等要进行彻底消毒，如0.1%的氢氧化钠溶液，2次/天，连续3d，以后1次/天，连续消毒1周。种羊病初可注射免疫血清、免疫羊血清。局部可用碘酊或0.1%高锰酸钾溶液洗涤，干后涂抹龙胆紫、碘甘油或碘酊等。静脉注射5%葡萄糖溶液250mL、青霉素400IU、链霉素100万~200万IU，安乃近注射液20mL，病毒灵20mL、地塞米松4mL的混合液体，2次/天。抗菌药物可防止继发感染，需根据实际情况合理应用。

（2）预防措施。

① 加强饲养管理。羊圈要求通风良好，阳光充足，干燥，勤打扫，场地周围环境和通道可用10%~20%石灰、2%福尔马林、30%草木灰水消毒，隔7d消毒1次。

② 异地引种时，不从疫区购羊，并取得原产地动物防疫监督机构的检疫合格证明。新引入的羊只要进行21d的隔离，经观察和检疫后保证其健康方可混养。

③ 采用羊痘弱毒冻干苗，大小羊一律于尾部或股内侧进行皮内注射0.5mL，10d即可产生免疫力，免疫期可持续1年，羔羊应于7月龄时再注射1次。

④ 对病死羊的尸体进行严格消毒并深埋，若需剥皮利用，应做

好消毒防疫工作，防止病毒扩散。

9. 羔羊痢疾如何防治?

（1）加强羔羊的饲养管理。保持圈舍清洁卫生，用5%~10%的漂白粉液或10%~20%的石灰乳对圈舍和饲养器具进行消毒；给予母羊充足营养，及时给羔羊喂乳，并做好羔羊保暖工作。

（2）合理使用药物和疫苗接种。母羊出生后第1d，按照0.1mg/kg剂量给母羊肌内注射20%长效土霉素，羔羊出生3d后，肌内注射1.5mL 20%的长效土霉素，分别于第7d、21d注射20%长效土霉素2mL/只。羔羊出生3d内，按照0.5~1mL/只的剂量，肌内注射抗羔羊痢疾高免血清；母羊产前30d内，肌内注射羊梭菌多联疫苗，确保母羊产生充足的抗体水平，羔羊能吸食含有抗痢疾抗体母乳。

（3）及时治疗。若羔羊患痢疾后，应及时隔离患病羔羊，并做好圈舍清洁消毒工作，给患病羔羊肌内注射2~5mL/只的抗痢疾高免血清，或采集健康免疫羊血液制备血清后，按照2~5mL/只剂量注射血清，同时给予20%长效土霉素或氟苯尼考注射液治疗，并给予胃蛋白酶0.5g、磺胺脒0.8g、碳酸氢钠0.4g口服，每天2次，连用5d；若出现严重脱水羊，可静脉输液5%葡萄糖生理盐水200~500mL，维生素C注射液2mL进行治疗。

10. 羊布氏杆菌病如何防治?

布鲁氏菌病是由布鲁氏菌引起的一种人畜共患的慢性传染病，其特征是侵害生殖系统和关节，妊娠母畜表现为流产、关节肿大、胎衣不下、生殖器官和胎膜发炎、不育和各种组织的局部病灶。公畜表现为睾丸炎及不育等。可通过以下措施进行防治。

（1）控制传染源。坚持定期检疫，坚决淘汰阳性种公羊，母羊要隔离治疗，必要时予以淘汰或深埋；污染环境用20%漂白粉或10%石灰乳消毒；实行健康羊群和患病羊群分开放牧，病羊用过的牧场要经过3个月自然净化后才能供健康羊群使用。

（2）切断传染途径。种羊引种时，必须引入有免疫证明，且进行检疫工作，凡布病检疫阳性的种羊应按照要求进行处理。

（3）保护易感羊群及人员。密切接触羊群的饲养管理人员、兽医等，需做好个人防护工作，必要时做好布病疫苗接种工作；定期接种免疫羊群；坚持自繁自养，引入羊群要隔离饲养30d以上，并间隔两周进行2次凝集反应均为阴性后，方可合群饲养。

（4）做好消毒防疫工作。对病羊污染的圈舍、运动场、饲槽等均应用5%来苏儿、20%石灰乳或2%氢氧化钠液进行消毒，病羊分泌物、排泄物要进行无害化处理或消毒深埋。

第三节　常见寄生虫病防治

1. 羊常见的体内寄生虫病如何防治？

羊常见的体内寄生虫有片形吸虫、前后盘吸虫、血吸虫、莫尼茨绦虫、脑多头蚴、血矛线虫、食道口线虫等。

（1）肝片吸虫的防治。每年3~4次驱虫，对羊粪堆积发酵处理，消灭中间宿主，避免在浅水低洼地区放牧，药物治疗：丙硫咪唑，按5~15mg/kg体重，口服；蛭得净（溴酚磷），按照16mg/kg体重，1次口服，对成虫和幼虫有很高的疗效；三氯苯唑，按照8~12mg/kg体重，1次口服。对发育各阶段的肝片吸虫均有效。

（2）消化道线虫防治。除定期驱虫外，饲用清洁饮水，可在放牧前在饲料中按照每只羊0.5~1.0g的剂量添加吩噻嗪进行饲喂，持续2~3个月，粪便进行堆积发酵。药物治疗：丙硫咪唑，按照5~20mg/kg体重，1次口服；阿维菌素，按照0.2mg/kg体重，皮下注射或内服；敌百虫，绵羊100mg/kg体重，山羊50~70mg/kg体重，配成水溶液内服。

（3）血吸虫防治。定期驱虫外，对感染羊群进行及时治疗，堆积消毒和发酵处理发病羊粪便，可使用硝酸氢铵、吡喹酮、敌百虫或六氯对二甲苯等药物进行治疗。

2. 羊常见的体外寄生虫病如何防治?

羊常见的体表寄生虫有蝇蛆、疥螨、痒螨和蠕形螨、蜱虫等，寄生于羊的表皮内或体表，以接触感染，可引起羊群发生剧烈的瘙痒及各类皮肤炎症为特征，防治措施如下。

（1）蝇蛆防治。静脉注射伊维菌素，剂量按0.2mg/kg体重计算；在羊鼻蝇幼虫从羊鼻孔排出的季节，给地上撒以石灰，把羊头下压，让鼻端接触石灰，使羊打喷嚏，亦可喷出幼虫，然后消灭之；百部30g，加水500mL，煎至250mL，每次取药液30mL，用不带针头针筒注入羊鼻腔内，每天2次；用3%的来苏儿液喷射羊鼻腔，每个鼻孔用针筒注入20~30mL。

（2）螨虫防治。伊维菌素或阿维菌素：按0.2mg/kg体重，灌服或皮下注射。

双甲脒：500mg/kg体重涂擦、喷淋或药浴；

溴氰菊酯：按500mg/kg体重，喷淋或药浴；

二嗪农（螨净）：250mg/kg体重喷淋或药浴；

预防措施房舍要宽敞，干燥，透光，通风良好，不要使畜群过于密集。房舍应经常清扫，定期消毒（至少每两周1次），饲养管理用具亦应定期消毒；经常注意动物群中有无发痒、掉毛现象，及时挑出可疑患病动物，隔离饲养，迅速查明原因；发现患病动物及时隔离治疗；引入动物时，应事先了解有无螨病存在；引入后应详细作螨病检查；最好先隔离观察一段时间（15~20d），确定无螨病症状后，经杀螨药喷洒再并入畜群中去；每年夏季剪毛后对羊只应进行药浴，是预防羊螨病的主要措施。对曾经发生过螨病的羊群尤为必要。

（3）蜱虫防治。

若羊群数量不多，且人手充足时，可进行人工捕捉除蜱的方法。用镊子在紧靠皮肤的地方沿着与皮肤垂直的方向拔出蜱虫，用酒精或碘酒对伤口消毒。

粉剂涂抹可用3%马拉硫磷或5%西维因、2%害虫敌等粉剂涂抹在牛羊体表面，一般羊用剂量为30g，牛为100g。在蜱虫活动季节，每隔7~10d处理1次，可以预防蜱虫的发生。

药液喷涂可用0.2%杀螟松或0.25%倍硫磷、1%马拉硫磷、0.2%害虫敌、0.2%辛硫磷乳剂喷涂畜体，剂量：羊为200mL/次，牛为500mL/次，每隔3周处理1次。也可用氟苯醚菊酯，剂量为每千克体重2mg，1次背部浇注，2周后重复1次。

药浴选用0.05%双甲脒或0.1%马拉硫磷、0.1%辛硫磷、0.05%地亚农、1%西维因、0.0025%溴氰菊酯、0.003%氟苯醚菊酯、0.006%氯氰菊酯等乳剂，对羊进行药浴。此外，可皮下注射阿维菌素，按照0.2mg/kg体重的剂量，进行皮下注射。

第四节　常见普通病防治

1. 羊瘤胃积食如何防治？

（1）治疗原则。恢复前胃运动机能，促进瘤胃内容物排出，消食化积，防止腐败发酵，防止脱水和自体中毒。

① 排出积食。对于较严重的积食病例，可用硫酸钠（硫酸镁）100g、植物油500mL、鱼石脂20g、酒精50mL，温水适量，1次内服；也可用1%温食盐水进行洗胃，达到排出积食，减轻胃肠负担。严重积食时，可采用手术切开瘤胃，取出大量积食。

② 增强瘤胃蠕动。可用10%的氯化钠注射液100～300mL、10%的安钠咖10mL，混合1次静脉注射，羊用量酌减；也可以用维生素B_1 20～30mL，1次肌内注射，2次/d，连用3d；或硫酸新斯的明（牛10～20mg，羊2～5mg），1次肌内注射。

③ 对症治疗。对于有脱水、自体中毒的病例，可用5%的葡萄糖生理盐水注射液1 500～2 000mL、20%的安钠咖注射液10mL，5%维生素C注射液20mL，混合1次静脉注射。若出现酸中毒时，可内服苏打30～50g、常水适量，或静脉注射碳酸氢钠注射液200～300mL。若出现瘤胃胀气，可在左侧肷窝部进行穿刺放气。

④ 泻下法。胃管插入，在外口装漏斗，缓缓倒入温水（35℃）6 000～8 000 mL，加泻药（蓖麻油、食用油）等500～1 000 mL。2次/d，一般2～4次痊愈。吐酒石8～10g，加大量水灌服；人工盐

200g、大黄酊 80mL、橙皮酊 80mL，加水 1 次灌服。

（2）预防措施。应搞好饲养管理，做到养殖、饲喂有规律，防止家畜过食、偷食，避免大量纤维干硬饲料的供给。尽量放养，补充足够水分，尽量减少应激对动物的影响。

2. 羊急性瘤胃鼓气如何防治?

（1）治疗原则。排气减压，制止发酵，恢复瘤胃的正常生理功能。

① 穿刺放气。膨气严重的病羊要用套管针进行瘤胃放气。膨气不严重的用消气灵 10mL，液体石蜡油 150mL，加水 300mL，灌服。

② 内服防腐止酵药。将鱼石脂 20～30g、福尔马林 10～15mL、1%克辽林 20～30mL，加水配为 1%～2%溶液，内服。

③ 促进嗳气，恢复瘤胃功能。向舌部涂布食盐、黄酱。静注 10%氯化钠 500mL，内加 10%安钠咖 4～8mL。

④ 补钙。对妊娠后期或分娩后高产病羊，可 1 次静脉注射 10%葡萄糖酸钙 50～150mL。

（2）预防措施。本病的预防要着重搞好饲养管理，如限制放牧时间及采食量；管理好畜群，不让牛、羊进入到苕子地，苜蓿地暴食幼嫩多汁豆科植物；不到雨后或有露水、下霜的草地上放牧。舍饲育肥动物，应该在全价日粮中至少含有 10%～15%的铡短粗料（最好是禾谷类蒿秆或青干草）。

3. 羔羊消化不良如何防治?

（1）治疗措施。

① 西药治疗。

方 1　5%葡萄糖氯化钠溶液 500～1 000mL，5%碳酸氢钠 20mL，维生素 C 60～100mg，10%安钠咖 20mL，1 次静脉注射；庆大霉素 80 万 IU，肌注；维生素 B_1 100mg，脾俞穴注射。

方 2　10%氯化钠 100mL，5%的葡萄糖 500mL，5%氯化钙 20mL，10%安钠咖 10mL，1 次脉滴；庆大霉素 10mL，肌注；维生素 B_1 10mL，肌注。

② 中药治疗。按照补脾益胃，消食理气原则进行治疗。

健脾散：党参 50g，白术 40g，茯苓 40g，干姜 50g，甘草 20g，陈皮 30g，山药 50g，肉豆蔻 40g，神曲、山楂、麦芽各 50g，共研末，开水冲，候温灌服。

（2）预防措施。加强饲养管理，防止过食易于发酵的草料。初夏放牧时，应先喂部分干草再去放牧青草，禁止在雨天或在霜雪未化的地方放养。合理使役，及时治疗原发病。当有气胀消后，当日勿喂或少喂，待反刍正常，再恢复常量，要饮以温水。

4. 羊感冒如何防治?

（1）治疗措施。

病初以解热镇痛为主。可肌内注射复方氨基比林 5～10mL 或 30%安乃近 5～10mL，也可使用复方奎林、百尔定以及穿心莲、柴胡、鱼腥草注射液等药剂。为了防止继发感染，可同时使用抗生素。用复方氨基比林 10mL、青霉素 160 万 IU、硫磺链霉素 500mg，加生理盐水 10mL，肌内注射，每天 2 次；病情严重者可静脉注射青霉素 320 万 IU，同时配以皮质激素类药物如地塞米松等治疗。内服感冒通，每次 2 片，1 天 3 次；应用收敛消炎剂：先用 1%～2%明矾水冲洗鼻腔，然后滴入鼻净或滴鼻液：1%麻黄素 10mL、青霉素 20 万 IU、0.25%普鲁卡因 40mL；便秘时，可用硫酸钠 80～120g，加水 1 500mL，1 次灌服。

中药治疗措施：风寒感冒者可用紫苏散治疗：紫苏 18g、防风 20g、桔梗 20g、黄皮叶 40g、鸭脚木 40g，煎水灌服；荆芥败毒散：荆芥 6g、防风 6g、羌活 5g、独活 5g、柴胡 5g、前胡 5g、枳壳 5g、桔梗 5g、茯苓 6g、川芎 5g，共研为细末，开水冲调候温灌服，每天 1 剂，连用 3～5d；风热感冒者可用银翘散治疗：金银花 6g、连翘 6g、淡豆豉 5g、荆芥 6g、薄荷 5g、牛蒡子 5g、桔梗 5g、淡竹叶 5g、芦根 6g、生甘草 5g，共研为细末，开水冲候温灌服，每天 1 剂，连用 3d。

（2）预防措施。将病羊隔离，保持圈舍温暖，避免贼风吹袭，给予清洁饮水和饲料，喂以青苜蓿或其他青饲。如果认真护理，可以避免继发喉炎及肺炎。

5. 如何处理羊的应激反应？

在运输过程中应想方设法减少种羊应激和肢蹄损伤，避免在运输途中死亡和感染疫病。要求提前2~3h对准备运输的种羊停止投喂饲料。上车不能太急，注意保护种羊的肢蹄，装羊结束后应固定好车门。长途运输的车辆，车厢最好能铺上垫料，冬天可铺上稻草、稻壳、木屑，秋天铺上细沙，以降低种羊肢蹄损伤的可能性。要根据运输工具的情况，将种羊按性别、大小、强弱进行分群。所装载羊只的数量不要过多，装得太密会引起挤压而导致种羊死亡；最好将车厢隔成若干个隔栏，安排4~6只为1个隔栏，隔栏最好用平滑的水泥管制成，避免刮伤种羊。达到性成熟的公羊应单独隔开，以避免公羊间打斗及公羊爬跨母羊。

长途运输的种羊，应对每只种羊饲喂或注射一定量的维生素C，减少应激。对临床表现特别兴奋的种羊，可注射适量的镇静针剂。长途运输可先配制一些电解质溶液，如盐水，在路上供种羊饮用。运输途中要适时停歇，检查有无病羊只，如出现呼吸急促、体温升高等异常情况应及时采取有效措施。

冬季要注意保暖，夏季要注意防暑，尽量避免在酷暑期装运种羊，夏天运种羊应避免在炎热的中午装羊，可在早晨和傍晚装运；途中应注意经常供给饮水。

如路程较近，途中不超过半天的，可以不喂饲草料，但要注意检查，发现问题，及时处理；运输路程远的，应备足清洁水和容易消化、体积较小的饲料。到达目的地后，应让山羊休息一会，再饮水和吃草。

6. 羊腐蹄病如何防治？

首先进行隔离，保持环境干燥；清除患部坏死组织，待出现干净创面时，采用1%高锰酸钾、3%来苏尔或过氧化氢冲洗，再用10%硫酸铜或6%福尔马林进行蹄浴。若出现脓肿，应切开排脓后采用1%高锰酸钾溶液洗涤，撒以高锰酸钾粉或涂擦福尔马林。可用磺胺类或一些抗生素软膏等。深部组织感染并有全身症状时，要控制败血症的发生，应用广谱抗菌药物，如抗生素或磺胺类药物等。

预防措施：注意饲喂适量矿物质，及时清除圈舍内的积粪尿、石子、玻璃碴和铁屑等，圈舍彻底消毒。圈门处放置10%硫酸铜溶液浸湿草袋进行蹄部消毒。

7. 羊氢氰酸中毒如何防治？

（1）治疗措施。发病后立即用10%葡萄糖液50~100mL加入亚硝酸钠0.2~0.3g，缓慢静脉注射，接着再用10%硫代硫酸钠溶液10~20mL缓慢静脉注射。还可视情况应用强心剂、维生素C、洗胃催吐药进行治疗。

（2）预防措施。饲喂含氰苷的饲料时一定要限制用量，且与其他饲料搭配饲喂。高粱和苏丹草最好在抽穗前作饲料，或玉米、高粱以青贮形式利用，禁止在含有氰苷作物的牧草地上放牧，以免采食后发生中毒。

8. 母羊胎衣不下如何处理？

（1）治疗措施。病羊分娩后24h胎衣仍未排出，可选用以下方法。

① 促进子宫收缩。垂体后叶素注射液或催产素注射液0.8~1.0mL，1次肌内注射。也可选用马来酸麦角新碱0.5mg，1次肌内注射。

② 促进胎儿胎盘与母体胎盘的分离：向子宫内灌注5%~10%盐水300mL。

③ 预防胎衣腐败及子宫感染：在子宫黏膜与胎衣之间放入金霉素胶囊50mg，每天或隔天1次，连用2~3次，以使子宫颈开放，排出腐败物。当体温升高时，宜用抗生素注射。

④ 手术剥离。应用药物方法已达48~72h而不奏效者，应立即采用此法。保定好病羊，常规准备及消毒后，进行手术。如母羊努责剧烈，可在后海穴注射2%普鲁卡因5~10mL。向子宫内灌入10%盐水100~200mL，促进胎儿胎盘与母体胎盘的分离。待胎衣排出后，在

宫内灌注抗生素或防腐消毒的药液，如土霉素 1g，溶于 100mL 生理盐水中，注入子宫腔内，或注入 0.2%普鲁卡因溶液 20~30mL，加入青霉素 80 万 IU。

⑤ 自然剥离法。不借助手术剥离，辅以防腐消毒药或抗生素，让胎膜自溶排出，达到自行剥离的目的。可于子宫内投入土霉素胶囊(每只含 0.5g 土霉素)，效果较好。

⑥ 中药。可用当归 9g、白术 6g、益母草 9g、桃仁 3g、红花 6g、川芎 3g、陈皮 3g，共研细末，开水调后内服。

(2) 预防措施。加强妊娠母羊的饲养管理，饲喂矿物质和维生素丰富的优质饲料，但同时要防止孕羊过肥。产前 5d 内不宜过多饲喂精料，增加光照，舍饲羊适当增加运动，搞好羊圈和产房的卫生和消毒，分娩时产房保持安静，分娩后让母羊舔舐羔羊身上的羊水，尽早让羔羊吮乳或人工挤奶。避免给分娩后的母羊饮冷水。为了预防本病，还可用亚硒酸钠维生素 E 注射液，妊娠期肌注 3 次，每次 0.5mL。

第九章　羊产品加工技术

第一节　羊产品

1. 羊肉有什么营养特点?

羊肉，性温、味甘。有山羊肉、绵羊肉、野羊肉之分。它既能御风寒，又可补身体，对一般风寒咳嗽、慢性气管炎、虚寒哮喘、肾亏阳痿、腹部冷痛、体虚怕冷、腰膝酸软、面黄肌瘦、气血两亏、病后或产后身体虚亏等一切虚状均有治疗和补益效果，最适宜于冬季食用，故被称为冬令补品，深受人们欢迎。但如患有急性炎症、外感发热、热病初愈、皮肤疮疡、疖肿等症，都应忌食羊肉。若为平素体壮、口渴喜饮、大便秘结者，也应少食羊肉，以免助热伤津。

2. 肉羊产肉力测定指标有哪些?

羊产肉力测定通常包括以下指标。

（1）胴体重。指屠宰放血后，剥去毛皮，除去头、内脏、前肢腕关节及后肢跗骨，趾关节以下的部分，整个躯体（包括肾脏及其周围脂肪）静置 30min 后的重量。

（2）净肉重。指用温胴体精细剔除骨后余下的净肉重量。要求在剔肉后的骨头上附着的肉量及损耗的肉屑不能超过 300g。

（3）屠宰率。一般指胴体重与羊屠宰前活重（宰前空腹 24h）之比。

（4）净肉率。一般指胴体净肉重占宰前活重的百分比。若胴体净肉重占胴体重的百分比，则为胴体的净肉率。

（5）眼肌面积。测量倒数第1肋骨与第2肋骨之间脊椎上眼肌（背最长肌）的横切面积，因为它与产肉量呈高度正相关。测量方法：一般用硫酸绘图纸描绘出眼肌横切面的轮廓，再用求积仪算出面积。

（6）肉骨比。指胴体经剔净肉后，称出实际的全部净肉重量和骨骼重量。用净肉重量除以骨骼重量，即得肉骨比。

（7）后腿比例。从最后腰椎处切下后腿肉，占整个胴体比例即为后腿比例。

（8）肋骨厚。指在第12肋骨与第13肋骨之间，距背脊中线11cm处的组织厚度，作为代表胴体脂肪含量的标志。

3. 羊胴体如何分割?

（1）待宰管理。将活羊赶入待宰圈停食静养12~24h，以便消除运输途中的疲劳，恢复正常的生理状态，羊在宰杀前3h停止饮水。

（2）刺杀放血。活羊用放血吊链拴住一条后腿，通过提升机或羊放血线的提升装置将羊提升，进入羊放血自动输送线的轨道上再持刀刺杀放血，羊放血自动输送线上要完成的工序主要有上挂、刺杀、沥血、去头等，沥血时间一般设计为5分钟。

（3）剥皮。将羊用扯皮机的夹皮装置夹住羊皮，从羊的后腿往前腿方向扯下整张羊皮，根据屠宰的工艺，也可从羊的前腿往后腿方向扯下整张皮，将扯下的羊皮通过羊皮输送机或羊皮风送系统输送到羊皮暂存间内。

（4）胴体加工。在胴体自动加工输送线上完成开胸、取白内脏、取红内脏、胴体检验、胴体修割。同步卫检：羊胴体、白内脏、红内脏通过同步卫检线输送到检疫区采样检验。

（5）胴体排酸。将修割、冲洗后的羊胴体送进排酸间进行“排酸”，这是羊肉冷分割工艺的一个重要环节，排酸间的温度：0~4℃，排酸时间不超过16h。

（6）剔骨分割包装。吊剔骨：把排酸后羊胴体推到剔骨区域，羊胴体挂在生产线上，剔骨人员把切下的大块肉放在分割输送机上，自动传送给分割人员，再由分割人员分割成各个部位肉。分割好的部位肉真空包装后，放入冷盘内用晾肉架推到结冰库（-30℃）结冻或到成品冷却间（0~4℃）保鲜。将结冻好的产品托盘装箱后送进冷藏库（-18℃）储存。剔骨分割间温控 10~15℃，包装间温控：10℃以下。

4. 如何评定羊肉品质？

肉质是一个综合性状，其优劣是通过许多肉质指标来判定等级，常见有肉色、大理石纹、嫩度、肌内脂肪含量、脂肪颜色、胴体等级、pH 值、系水力或滴水损失、风味等指标。

（1）肉色。宰后 1~2h 进行，在最后一个胸椎处取背最长肌肉样，将肉样一式两份，平置于白色瓷盘中，将肉样和肉色比色板在自然光下进行对照。目测评分，采用五分制比色板评分：目测评定时，避免在阳光直射下或在室内阴暗处评定。浅粉色评 1 分，微红色评 2 分，鲜红色评 3 分，微暗红色评 4 分，暗红色评 5 分。两级间允许评定 0.5 分。凡评为 3 分或 4 分均属于正常颜色。

（2）脂肪色泽。宰后 2h 内，取胸腰结合处背部脂肪断面，目测脂肪色，对照标准脂肪色图评分：1 分为洁白色，2 分为白色，3 分为暗白色，4 分为黄白色，5 分为浅黄色，6 分为黄色，7 分为暗黄色。

（3）大理石花纹评分。宰后 2h 内，取 12、13 胸肋眼肌横断面，于 4℃冰箱中存放 24h 进行评定。将羊肉一分为二，平置于白色瓷盘中，在自然光下进行目测评分，参照日式大理石纹评分图以 12 分制进行评定。

（4）失水率。宰后 2h 内进行，腰椎处取背最长肌 7cm 肉样一段，平置在洁净的橡皮片上，用直径为 5cm 的圆形取样器切取中心部分背最长肌样品 1 块，厚度为 1.5cm，立即用感量为 0.001g 的天平称重，然后夹于上下各垫 18 层定性中速滤纸中央，再上下各用 1 块 2cm 厚的塑料板，在 35kg 的压力下保持 5min，撤除压力后，立即称肉样重量。肉样前后重量的差异即为肉样失水重。

(5) 贮藏损失率。宰后 2h 内进行，腰椎处取背最长肌，将试样修整为长条形（5cm×3cm×2cm）的肉样后称贮存前重。然后用铁丝勾住肉样一端，使肌纤维垂直向下，装入塑料食品袋中扎好袋口，肉样不与袋壁接触，在 4℃冰箱中吊挂 24h 后称贮存后重。

(6) pH 值。取腰背最长肌，第 1 次 pH 值测定于宰后 45min 测定，第二次于 24h 后测定冷藏于 4℃冰箱中的肉样。在被测样品上切十字口，插入探头，待度数稳定后记录 pH 值，要求用精确度为 0.005 的酸度计测定。鲜肉 pH 值为 5.9～6.5，次鲜肉 pH 值为 6.6～6.7，腐败肉 pH 值在 6.7 以上。

(7) 嫩度（剪切力）。垂直于肌纤维方向切割 2.5cm 厚的肉块，放于蒸煮袋中，尽量排出袋内空气，将袋口扎紧，在 80℃水溶锅中加热，当羊肉的中心温度达到 70℃时，取出冷却，然后用圆孔取样器顺肌纤维方向取样，在嫩度计上测定其剪切力值，一般重复 5～10 次，取平均值。

5. 羊皮的种类及用途有哪些？

羊皮按羊的种类分为山羊皮和绵羊皮。羊屠宰后剥下的鲜皮，在未经鞣制前称为生皮。生皮分毛皮和板皮两类。带毛棘制的羊皮叫作毛皮，羊毛没有实用价值的生皮叫作板皮。板皮经脱毛鞣制而成的产品叫作革。羊皮革是制作皮夹克、皮大衣等各种皮装以及皮鞋、皮包、皮箱、皮手套等各种皮制品的上等原料。

毛皮又分为羔皮和裘皮两种。所谓羔皮，通常是指由羔皮羊品种所生的羔羊，在出生后 3 日龄内宰杀剥取的毛皮，或为临近产期流产羔羊的毛皮。其特点是毛短而稀，花案美观，皮板薄而轻，用以制作皮帽、皮领及翻毛大衣等，如卡拉库尔羔皮、湖羊羔皮等。所谓裘皮，是指由裘皮羊品种所生的羔羊在 1 月龄左右宰杀剥取的毛皮，其特点是毛长绒多，皮板厚实，保暖性好，主要用作防寒衣物，如滩羊二毛皮等。非羔裘皮羊种也生产羔皮和裘皮，但无特色，质量远不如专用品种好，大多是从死羔身上剥取，数量较少。

6. 影响羔皮、裘皮品质的主要因素有哪些?

影响羔皮、裘皮品质的主要因素有品种、自然生态条件、饲养管理水平、剥取羔裘皮的季节、屠宰时间以及羊裘皮的贮存、晾晒和保管。

7. 影响山羊板皮品质的因素有哪些?

影响山羊板皮品质的主要因素有生产季节、产地及品种、生理状况（性别、年龄、疾病）以及加工与保管。

8. 绵羊被毛分为哪几种类型?

世界绵羊毛产量较大的国家有澳大利亚、前苏联、新西兰、阿根廷、中国等。绵羊毛按细度和长度分为细羊毛、半细毛、长羊毛、杂交种毛、粗羊毛 5 类。中国绵羊毛品种有蒙羊毛、藏羊毛、哈萨克羊毛。

9. 羊毛纤维有哪几种?

(1) 按组织学构造。毛纤维可分有髓毛和无髓毛两类。有髓毛由鳞片、皮质和髓质三层细胞构成，无髓毛无髓质。鳞片层具有保护作用，其形状和排列可影响羊毛的吸湿、毡结和反射光线的能力。皮质层连接于鳞片层下，与毛纤维的强度、伸度和弹性有关，羊毛愈细其所占比例愈大。髓质层是有髓毛的主要特征，位于毛的中心部分，由结构疏松充满空气的多角形细胞组成；作横切面在显微镜下观察，很容易区别其发育程度。髓质层愈发育，则纤维直径愈粗，工艺价值愈低。

(2) 按毛纤维的生长特性、组织构造和工艺特性。可分为绒毛、发毛、两型毛、刺毛和犬毛。其中刺毛是生长在颜面和四肢下端的短毛，无工艺价值；犬毛是细毛羔羊胚胎发育早期由初生毛囊形成的较粗的毛，在哺乳期间逐渐被无髓毛所代替。因此可用做毛纺原料的只有绒毛、发毛和两型毛 3 种基本类型。绒毛分布在粗毛羊毛被的底层。细毛羊毛被全由绒毛组成，纤维细匀，平均直径不大于 25μm，长度5~10cm，柔软多弯曲，弹性好，光泽柔和。发毛或称粗毛，分正常发毛、干毛和死毛3种，构成粗毛羊毛被的外层。正常发毛细度40~120μm，弯曲少，较缺乏柔软性。细发毛的髓质层较不发达，皮质层相对较厚，纤维弹性大，工艺价值较高。干毛的组织构造与正常发毛相同，但尖端干枯，缺乏光泽。死毛的髓质层特别发达，毛粗且硬，脆弱易断。两型毛又称中间型毛，其细度和其他工艺价值介于绒毛和发毛之间。

（3）按毛被所含纤维成分，可分为同型毛和混型毛。前者包括细毛、半细毛和高代改良毛，其纤维细度和长度以及其他外观表征基本相同；后者包括粗毛和低代改良毛，毛股由绒毛、两型毛、发毛混合组成，纤维粗细长短不一致，纺织价值较低，主要用作毛毯、地毯及毡制品原料。

10. 山羊绒有哪些经济用途?

山羊绒是一种高级的纺织原料，除加工纯羊绒纺织品外，还可与其他纤维制成混纺制品。粗纺制品主要有羊绒衫、羊绒呢面料、羊绒围巾、羊绒披肩、羊绒毯、羊绒帽、羊绒手套等；精纺制品有羊绒衫、羊绒围巾、羊绒披肩、羊绒帽、羊绒套装、羊绒衬衫和西服面料、羊绒内衣裤等。羊绒加工的下脚料还可制成羊绒絮片和羊绒被等。

11. 羊奶有哪些营养价值?

（1）健康益寿。羊奶含有生物活性因子“环磷腺苷”“三磷酸腺苷”和“表皮生长因子”，这些因子在体内具有多种调节功能，“环磷腺苷”是科学界公认的防癌、抗癌因子，它能使人体新陈代谢维持平衡，能增加血清蛋白和白蛋白的含量，增加人体的抗病力；可改善心肌营养，软化血管，对改善防治动脉硬化，高血压具有非常有效的功效。“表皮生长因子”能刺激许多细胞的生长，包括肝细胞、血管细胞、内分泌细胞等的生长，有效延缓细胞的老化死亡，羊奶中含丰富的尼可酸，尼可酸能维持胃液的正常分泌，促进红血球的形成，有利于保持血管壁的弹性和保护皮肤。我国最早推崇食疗的唐代医学家孟诜在《食疗本草》中记载：羊奶治消渴，疗虚劳，益精气，补肺肾气和小肠。作羹用之，补肾虚，治男女中风，利大肠。含之，治口中烂疮。

（2）缓解压力。现代生活中，越来越多的社会因素导致心理压力的产生，羊乳中含丰富的泛酸、尼克酸，对精神压力很大的现代人而言，泛酸、尼克酸是不可缺少的营养素，人体承受压力时，泛酸，尼克酸能够支撑肾上腺，促进分泌肾上腺素，缓解精神压力。同时，泛酸、尼克酸也是分解乙醇（酒精）不可缺少的营养素，饮酒前喝杯羊奶具有益胃护肝的功效。羊乳中维生素 C、镁非常丰富，是缓解压力不可缺少的物质，现代人面对紧张的工作、沉重的压力，每天喝杯羊奶，可帮助舒缓精神压力，使思想与身体得到休养生息的机会。

（3）益智健脑。羊奶是营养最全面丰富的食品之一，含有较牛奶更丰富的钙、蛋白质、氨基酸、维生素、矿物质、无机盐等营养成分，羊乳中天然核酸（DNA、RNA）含量丰富，可增加脑细胞对蛋白质的利用率，促进脑细胞，尤其是海马细胞健康发育，羊乳中天然牛磺酸高达 47mg/L，含丰富的脑磷脂、核苷酸、三磷腺苷、胆碱、肌醇。这些物质能促进孩子视力、大脑神经系统的健康发育，提高思维和记忆功能。羊乳中还含有生物活性因子环磷腺苷，它具有信息传导和调节功能。美国科学家坎德尔博士因发现学习和记忆力的突触和分子机制，分享了 2000 年度诺贝尔生理学医学奖。研究发现，大脑在记忆形成过程中，大脑突触功能的改变是关键因素。若能使第二信使环磷腺苷水平升高，大脑突触功能就能提高，记忆力增强。

12. 怎样挤羊奶？

（1）擦洗乳房。挤奶前擦洗乳房，水温要保持在 45～50℃，先用湿毛巾擦洗，然后将毛巾拧干再进行擦干。这样既清洁，又因温热的刺激能使乳静脉血管扩张，使流向乳房的血流量增加，促进泌乳。

（2）按摩乳房。挤奶前充分按摩乳房，给予适当的刺激，促使其迅速排乳。按摩的方法有 3 种：一是用两手托住乳房，左右对揉，由上而下依次进行，每次揉 3～4 遍，约半分钟。二是用手指捻转刺激乳头，约半分钟（超过 2min，会引起慢性乳头部外伤，招致乳房炎），刺激不要过度，以免造成疼痛。三是顶撞按摩法，即模仿羔羊吃奶顶撞乳房的动作，两手松握两个乳头基部，向上顶撞2~3次，然后挤奶。这3种按摩方法可依次连续进行，因为血液中的催产素在开始刺激后的2min内浓度最高，以后就急剧下降。为此，擦洗和按摩的时间不可过长，一般不要超过3min。否则，将会错过最适宜的挤奶时间，引起不良后果。

（3）拳握挤奶。采用双手拳握法挤奶能引起强烈的排乳反射、挤的奶多。方法是先用大拇指和食指合拢卡住乳头基部，堵住乳头腔与乳池间的孔，以防乳汁回流，然后轻巧而有力地依次将中指、无名指、小指向手心收压，促使乳汁排出。每握紧挤1次奶后，大拇指和食指立即放松，然后再重新握紧，如此有节律地一握一松反复进行，操作时双手要分别握住2个乳头，两手动作要轻巧敏捷，握力均匀，速度一致，交替进行，对于个别乳头短小，无法挤压的，可采用滑挤法，即用拇指和食指捏住乳头，由上而下滑动，挤出乳汁。

（4）挤速要快。因排乳反射是受神经支配并有一定时间限制，超过一定时间，便挤不出来了。因此，要快速挤奶，中间不停，一般每分钟80~100次为宜，挤完一只羊3~4min。切忌动作迟缓或单手滑挤。

（5）奶要挤净。每次挤奶务必挤净，如果挤不净，残存的奶容易诱发乳房炎，而且会减少产奶量，缩短泌乳期。因此，在挤奶结束前还要进行乳房按摩，挤净最后一滴奶。

（6）适增次数。乳房内压力越小，乳腺泌乳越快、越多。因此，适当增加挤奶次数，减少乳房的压力就可增加泌乳速度，提高产奶量。据测算，高产奶羊，在良好的饲管条件下，每天挤2次比挤1次可提高产奶量20%~30%，每天挤3次比挤2次的提高12%~15%。总结群众经验，一般羊应每天挤2次，高产羊应挤3次。

（7）做到三定。即挤奶每天定时、定人、定地，不要随意变更。此外挤奶环境要安静。

（8）检查乳房。挤奶时应细心检查乳房情况，如果发现乳头干裂、破伤或乳房发炎、红肿、热痛，奶中混有血丝或絮状物时，应及时治疗。

（9）浸泡乳头。为防止乳房发炎，每次挤完奶后要选用1%碘液或0.5%～1%洗必泰或4%次氯酸钠溶液浸泡乳头。

（10）适时干奶。为使母羊能及时补充身体营养，保证胎儿正常生长发育，有利于下一个泌乳期能获得高产。应根据母羊的膘情和年龄的不同，在母羊怀孕3个月左右，即临产前2个月左右停止挤奶，要逐渐进行，开始由每天挤2～3次，改为每天挤1～2次，再改为每天1次或隔1天1次，隔2d 1次，直至完全停挤。最后一次挤奶后，要通过乳头注入青霉素80万～100万IU，这样可以有效地防止干奶期乳房炎的发生。

第二节　羊产品加工

1. 常见的羊肉产品有哪些？

（1）羊排卷。

（2）羊肚丝。

（3）羊腰片。

（4）风干羊肉。

2. 常见的羊奶制品有哪些？

（1）巴氏奶——最天然的奶。

① 加工方法。将羊奶置于80℃的温度下，经过15s杀菌。

② 特点。巴氏奶通过巴氏杀菌杀死奶中的致病菌和腐败菌，保证了产品的安全性，最大限度地保留了鲜奶的营养成分和独特天然的口感，营养价值与鲜羊奶差异不大，B族维生素的损失为10%左右，乳清蛋白的损失为10%～20%。巴氏奶因没有彻底灭菌，奶中残留有细菌，这部分细菌在适宜的温度下繁殖极快，故需要冷藏，一般保质期7d左右。儿童喝巴氏奶必须煮开了再喝。

③ 识别方法。保质期7d以内，并标有“巴氏灭菌“字样。

（2）常温奶——保鲜时间最长。

① 加工方法。羊奶迅速加热到135～140℃，在3～4s内瞬间杀

菌，达到无菌的指标。

② 特点。也叫超高温灭菌奶。在加工过程中，羊奶中对人体有益的菌种也会遭到一定程度的破坏，维生素 C、维生素 E 和胡萝卜素等都有一定的损失。B 族维生素损失 20%~30%，营养价值较巴氏奶稍低。但是常温奶的保存时间长，根据包装材料不同，可在常温情况下保存 30d 到 8 个月。

③ 识别方法。保质期 30d 以上，并标有“超高温灭菌”字样。

(3) 酸奶——最容易消化吸收的奶。

① 加工方式。用乳酸菌将羊奶进行预消化，乳糖、蛋白质、脂肪降解，可溶性钙、磷提高，并合成了一些 B 族维生素。营养成分几乎没有损失，其中部分乳糖转化乳酸菌。

② 特点。酸奶最突出的优势就在于其中的乳酸菌能帮助消化，使人体能更好地吸收钙质。同时酸奶能够丰富消化系统的菌群，促进消化系统的平衡和新陈代谢，缩短食物在胃肠里的滞留时间；并适合乳糖不耐症患者食用；对有肝病和胃病的患者及身体衰弱者最适宜；同时有减肥和美容的意外效果，还能降低胆固醇、强化免疫系统和防癌。除此之外，将羊奶进行发酵制成酸奶还能去掉羊奶中的膻味。

(4) 奶粉——保存时间最长的奶。

① 加工方法。加工、干燥。

② 特点。保存时间长，同时还可以添加某些特殊的营养成分。但是在加工过程中，有些营养成分被破坏。总的来说，奶粉的营养价值不如鲜奶。

③ 注意。冲奶粉的时候不要用沸水，水温控制在 40~50℃ 为宜。避免奶粉中的蛋白质变性，破坏一些热敏维生素，降低营养价值和食用价值。

此外，羊奶制品还有羊奶酪，黄油等。

3. 鲜奶如何贮存和运输?

鲜奶贮存需要制冷，目的是为了抑制鲜奶中细菌的繁殖和保证鲜奶的新鲜度。因此，所收的鲜奶在贮存过程中应不断的搅拌（即开动搅拌机），特别是在边收边贮的情况下，更应加强搅拌，制冷温度应保持在4~8℃。贮奶时间的长短与制冷温度有很密切的关系，一般来说，贮奶12h，鲜奶温度应在8℃以下；贮奶24h，鲜奶温度应在5℃以下；贮奶48h，鲜奶温度应在3℃以下。总的来讲，鲜奶不适宜长时间贮存，应尽量缩短贮奶时间。贮存时间越长制冷温度要求越低。这样很容易破坏鲜奶的营养成分，特别是对乳脂肪的破坏尤为严重。

鲜奶的运输要注意以下几点。

（1）车况保证正常运行，以免在运输鲜奶的过程中抛锚。

（2）奶罐要经常保持清洁工作，经常用热碱水冲洗内壁，然后，再用清水冲洗。特别是夏季一定要做到罐内无奶垢。

（3）鲜奶在运输过程中，夏季要防止罐内鲜奶温度升高；冬季要防止罐内鲜奶结冰。

（4）鲜奶在运输过程中，要防止罐内鲜奶振荡，剧烈的振荡会破坏鲜奶的营养成分，影响鲜奶质量。

4. 怎样贮藏和运输生皮？

羊皮在运输时应注意防止潮湿。凡潮湿的毛皮，宜待干燥后再行发运，以免发热受损。在雨季运输时，需要有足够的防雨塑料布。在运输过程中，应使被毛向里，皮板向外，用绳捆好，每捆重量约为80kg，以便运输生皮在起运和到达终点时，必须迅速移放在棚仓之中。

5. 怎样加工羊肠衣？

（1）浸漂。将原肠浸泡在28~33℃的温水中18~24h。浸泡时肠中应灌入温水。

（2）刮肠。将浸泡后的原肠内壁向外放在平整木板上，用竹板、无刃刮刀或刮肠机刮去肠的黏膜层和肌肉层。

（3）灌洗。灌水冲洗刮后的肠衣，并割去破损部分。

（4）量码。将羊肠衣按口径大小分为六路：一路22mm以上，二路20~22mm，三路18~20mm，四路16~18mm，五路14~16mm，六路12~14mm。一至五路每把不超过18节，六路每把不超过20节，每节不短于1m。

（5）腌渍。分把的肠衣摊开撒上精盐，然后扎把放入搁在木桶或缸上的竹筛内，腌渍12~13h，沥出盐水。

（6）浸漂洗涤。将盐渍后的肠衣缠把，即成光肠半成品。将光肠浸在清水中，反复换水洗净（水温不应过高）。

（7）分路和配码。在洗后的光肠内灌水，检查有无破损，按肠衣的口径和规格分路扎把。

（8）腌肠及缠把。在分路扎把的肠衣上撒上精盐腌制。待沥干水分后，再缠成把，即成净肠成品。

第十章　规模化生态养羊经营管理

第一节　规模化养羊的条件

1. 规模化生态养羊必须具备哪些条件？

(1) 物质条件。羊的数量和品种是先决条件，必需有充足且适用于规模化饲养的优良羊种。羊群和饲料是生态养羊的物质基础，饲料供给是制约规模化生态养羊的主要因素。1 只成年羊每年需要 800~1 000kg 的草饲料，规模化的养羊生产，只有在饲料的数量和质量得到充分保证的前提下，才有可能获得好的生产效果。当前，有专业的公司提供羊的全价饲料，必需保证稳定的来源和质量。

(2) 人员条件。有足够劳动力的投入。同时科学的配套技术是办好规模化羊场的有利条件。办好规模化羊场需要综合应用多学科的先进技术，如选择合适品种、提高品种质量、提高饲料的质量和利用率、科学饲养管理和防治疾病的技术措施等。因此，要重视技术培训或引进专业人才，实现管理人员知识化、专业化，发挥人才优势。

(3) 经济条件。养羊规模的确定要考虑自身的经济条件，一旦决定了养羊规模，要有一定资金作为保证，这些费用包括种羊的购买、必要的圈舍建造、饲料、常备药品、器械等开支，还要有一定的流动资金。

(4) 市场条件。有稳定的与之相适应的产品销售渠道。养羊生产者不仅要掌握科学养羊技术，还要懂得科学的经营管理，建立市场观念、产品质量观念、经济效益观念及生态观念等，提高从业人员综合素质。变小农经济的副业生产为规模经营的羊专门生产，建成产供销相结合的羊商品基地。使生产经营有主动性，落实好职工责任制，各项管理工作做到标准化、制度化。

2. 规模化生态养羊对饲料有何要求?

羊的饲料配制要根据羊的体重、用途、生产性能、性别、年龄，以及当地饲料来源等情况选择适宜的饲养标准和饲料营养成分表，并根据实际饲养情况在饲养标准的基础上进行上下调整。严格执行《饲料和饲料添加剂管理条例》及《农业转基因生物安全管理条例》的有关规定。

① 饲料原料。

具有该品种应有的色、嗅、味和形态特征，无发霉、变质、结块及异嗅、异味，青绿饲料、干粗饲料不应发霉、变质。有毒有害物质及微生物允许限量应符合《饲料卫生标准 GB 13078》的规定。不应在羊的饲料中使用除蛋、乳制品外的动物源性饲料，也不得使用各种抗生素滤渣。

② 饲料添加剂。

具有该品种应有的色、嗅、味和形态特征，无结块、发霉、变质。饲料中使用的饲料添加剂，应是农业部允许使用的饲料添加剂品种目录中所规定的品种和取得批准文号的新饲料添加剂品种。饲料中使用的饲料添加剂产品，应是取得饲料添加剂产品生产许可证企业生产的、具有产品批准文号的产品。有毒有害物质应符合《饲料卫生标准》的规定。生产 A 级绿色食品禁止使用的饲料添加剂见表 10-1。

表 10-1　生产 A 级绿色食品禁止使用的饲料添加剂

种类	品种
调味剂、香料	各种人工合成的调味剂和香料
着色剂	各种人工合成的着色剂
抗氧化剂	乙氧基喹啉、二丁基羟基甲苯、丁基羟基茴香醚

（续表）

种类	品种
黏结剂、抗结块剂和稳定剂	羧甲基纤维素钠、聚氧乙烯20山梨醇酐单油酸酯、聚丙烯酸钠
防腐剂	苯甲酸、苯甲酸钠

③ 配合饲料、浓缩饲料、精料补充料和添加剂预混合饲料。

感官要求色泽一致，无霉变、结块及异嗅、异味。有毒有害物质及微生物允许限量应用，但应符合《饲料卫生标准》的规定。配合饲料、浓缩饲料、精料补充料和添加剂预混合饲料中的饲料药物添加剂使用，应遵守《饲料药物添加剂使用规范》。饲料中不得添加《禁止在饲料和动物饮水中使用的药物品种目录》中规定的违禁药物。

④ 饲料及添加剂对羊的生产具有关键的作用，要做好以下工作。

a. 防止饲料的污染。

种植牧草及饲料作物的土地应是没有被污染的，灌溉用水应符合农田灌溉水质标准，不能用未经处理的工业废水或城市污水。不能使用未经处理的废物和城市垃圾直接作肥料，尽可能减少化肥用量，农药的使用要符合GB4285的规定。

b. 做好饲草料的青贮和贮存。

收获的牧草及农副产品等饲料原料要及时晒干，谷物饲料的含水量应降低至规定标准，并将它们贮存在干燥通风的地方，严防霉变和腐烂的发生。

青贮是一种经济有效的青绿饲料保存法，原料应该是无农药残留的牧草或作物秸秆，防止开口处的青贮饲料霉烂变色。青贮饲料中有毒有害物质及微生物允许限量应符合《饲料卫生标准》GB13078的规定。

c. 科学使用饲料添加剂。

所用饲料添加剂的品种应是农业部允许使用的品种，产品应购自正规厂家生产的，具有产品批准文号的产品。自己生产加工混合饲料的羊场，饲料加工设施的卫生和生产过程中卫生要求应符合GB/T16746的规定。定期对计量设备进行检验和正常的维护，以确保其精确性和稳定性，混合饲料中含量很少的原料，如各种添加剂等，生产时应将添加剂进行预稀释，然后再混合。生产饲料时的投料顺序应按先大量、后小量的原则进行，混合时间按设备要求进行。

3. 规模化生态养羊对饲养管理技术有何要求?

（1）羊场选址要合理，规划设计要科学。

具体要求参考肉羊标准化示范场验收评分标准，见表 10-2。对羊场选址和规划设计有十分重要的指导作用。

表 10-2　肉羊标准化示范场验收评分标准

申请验收单位：		验收时间：　年　月　日	
必备条件（任一项不符合不得验收）		1. 场址不得位于《中华人民共和国畜牧法》明令禁止区域，并符合相关法律法规及区域内土地使用规划。 2. 具备县级以上畜牧兽医部门颁发的《动物防疫条件合格证》，两年内无重大疫病和产品质量安全事件发生。 3. 具有县级以上畜牧兽医行政主管部门备案登记证明；按照农业部《畜禽标识和养殖档案管理办法》要求，建立养殖档案。 4. 农区存栏能繁母羊 250 只以上，或年出栏肉羊 500 只以上的养殖场；牧区存栏能繁母羊 400 只以上，或年出栏肉羊 1 000只以上的养殖场。	可以验收□ 不予验收□
验收项目	考核内容	考核具体内容及评分标准	满分
一、选址与布局（20分）	（一）选址（4分）	距离生活饮用水源地、居民区和主要交通干线、其它畜禽养殖场及畜禽屠宰加工、交易场所 500 米以上，得 2 分，否则不得分。	2
		地势较高，排水良好，通风干燥，向阳透光得 2 分，否则不得分。	2
	（二）基础设施（5分）	水源稳定、水质良好，得 1 分；有贮存、净化设施，得 1 分，否则不得分。	2
		电力供应充足，得 2 分，否则不得分。	2
		交通便利，机动车可通达得 1 分，否则不得分。	1

验收项目	考核内容	考核具体内容及评分标准	满分
一、选址与布局（20分）	（三）场区布局（8分）	农区场区与外界隔离，得2分，否则不得分。牧区牧场边界清晰，有隔离设施，得2分。	2
		农区场区内生活区、生产区及粪污处理区分开得3分，部分分开得1分，否则不得分。牧区生活建筑、草料贮存场所、圈舍和粪污堆积区按照顺风向布置，并有固定设施分离，得3分，否则不得分。	3
		农区生产区母羊舍，羔羊舍、育成舍、育肥舍分开得2分，有与各个羊舍相应的运动场得1分。牧区母羊舍、接羔舍、羔羊舍分开，且布局合理，得3分，用围栏设施作羊舍的减1分。	3
	（四）净道和污道（3分）	农区净道、污道严格分开，得3分；有净道、污道，但没有完全分开，得2分，完全没有净道、污道，不得分。牧区有放牧专用牧道，得3分。	3
二、设施与设施（28分）	（一）羊舍（3分）	密闭式、半开放式、开放式羊舍得3分，简易羊舍或棚圈得2分，否则不得分。	3
	（二）饲养密度（2分）	农区羊舍内饲养密度≥1米²/只，得2分；<1米²≥0.5米²得1分；<0.5米²/只不得分。牧区符合核定载畜量的得2分，超载酌情扣分。	2
	（三）消毒设施（3分）	场区门口有消毒池，得1分；羊舍（棚圈）内有消毒器材或设施得1分。	2
		有专用药浴设备，得1分，没有不得分。	1
	（四）养殖设备（16分）	农区羊舍内有专用饲槽，得2分；运动场有补饲槽，得1分。牧区有补饲草料的专用场所，防风、干净，得3分。	3
		农区保温及通风降温设施良好，得3分，否则适当减分。牧区羊舍有保温设施、放牧场有遮阳避暑设施（包括天然和人工设施），得3分，否则适当减分。	3
		有配套饲草料加工机具得3分，有简单饲草料加工机具的得2分；有饲料库得1分，没有不得分。	4
		农区羊舍或运动场有自动饮水器，得2分，仅设饮水槽减1分，没有不得分。牧区羊舍和放牧场有独立的饮水井和饮水槽得2分	2
		农区有与养殖规模相适应的青贮设施及设备得3分；有干草棚得1分，没有不得分。牧区有与养殖规模相适应的贮草棚或封闭的贮草场地得4分，没有不得分。	4

（续表）

验收项目	考核内容	考核具体内容及评分标准	满分
二、设施与设施（28分）	（五）辅助设施（4分）	农区有更衣及消毒室，得2分，没有不得分。牧区有抓羊过道和称重小型磅秤得2分。	2
		有兽医及药品、疫苗存放室，得2分；无兽医室但有药品、疫苗储藏设备的得1分，没有不得分。	2
三、管理及防疫（30分）	（一）管理制度（4分）	有生产管理、投入品使用等管理制度，并上墙，执行良好得2分，没有不得分。	2
		有防疫消毒制度，得2分，没有不得分。	2
	（二）操作规程（5分）	有科学的配种方案，得1分；有明确的畜群周转计划，得1分；有合理的分阶段饲养、集中育肥饲养工艺方案，得1分，没有不得分。	3
		制定了科学合理的免疫程序，得2分，没有则不得分。	2
	（三）饲草与饲料（4分）	农区有自有粗饲料地或与当地农户有购销秸秆合同协议，得4分，否则不得分。牧区实行划区轮牧制度或季节性休牧制度，或有专门的饲草料基地，得4分，否则不得分。	4
	（四）生产记录与档案管理（15分）	有引羊时的动物检疫合格证明，并记录品种、来源、数量、月龄等情况，记录完整得4分，不完整适当扣分，没有则不得分。	4
		有完整的生产记录，包括配种记录、接羔记录、生长发育记录和羊群周转记录等。记录完整得4分，不完整适当扣分	4
		有饲料、兽药使用记录，包括使用对象、使用时间和用量记录，记录完整得3分，不完整适当扣分，没有则不得分。	3
		有完整的免疫、消毒记录，记录完整得3分，不完整适当扣分，没有则不得分。	3
		保存有2年以上或建场以来的各项生产记录，专柜保存或采用计算机保存得1分，没有则不得分。	1
	（五）专业技术人员（2分）	有1名以上经过畜牧兽医专业知识培训的技术人员，持证上岗，得2分，没有则不得分。	2

（续表）

验收项目	考核内容	考核具体内容及评分标准	满分
四、环保要求（12分）	（一）粪污处理（5分）	有固定的羊粪储存、堆放设施和场所，储存场所要有防雨、防溢流措施。满分为3分，有不足之处适当扣分。	3
		农区粪污采用发酵或其它方式处理，作为有机肥利用或销往有机肥厂，得2分。牧区采用农牧结合良性循环措施，得2分，有不足之处适当扣分。	2
	（二）病死羊处理（5分）	配备焚尸炉或化尸池等病死羊无害化处理设施，得3分。	3
		病死羊采用深埋或焚烧等方式处理，记录完整，得2分。	2
	（三）环境卫生（2分）	垃圾集中堆放，位置合理，整体环境卫生良好，得2分。	2
五、生产技术水平（10分）	（一）生产水平（8分）	农区繁殖成活率90%或羔羊成活率95%以上，牧区繁殖成活率85%或羔羊成活率90%以上，得4分，不足适当扣分。	4
		农区商品育肥羊年出栏率180%以上，牧区商品育肥羊年出栏率150%以上，得4分，不足适当扣分	4
	（二）技术水平（2分）	采用人工授精技术得2分。	2

（2）生产管理要系统化。

规模养殖场管理要在“统一规划、合理布局”的基础上，实行“相对集中、规范管理”的系统化管理模式。各规模养殖场要配备专职畜牧兽医技术人员，兽医用药和疫苗要统一供应和管理，规模养殖场内要配备相应兽医设备和消毒治疗药品。养殖场间切勿互相参观，人员车辆进出需严格消毒。规模养殖场内严禁宰杀羊只，饲养人员经常观察羊只，发现病羊及时汇报兽医人员并进行隔离治疗，死羊进行无害化处理。在规模养殖场较为集中的乡（镇）及时成立较为规范的服务管理机构，如成立养殖协会或养殖合作组织。由这些组织牵头负责协调周边规模养殖场的日常管理、品种引进、饲料供应、疫病防治、技术培训、产品销售等管理工作，使防疫制度、消毒制度、废弃物处理（排污）制度、技术培训制度、场户成本核算制度等一系列规章制度落到实处，使养羊场走上规范化管理轨道，从而保证规模养羊场的健康发展。

（3）日常管理要机械化和智能化。

养殖业和信息技术的快速发展和有效融合，使规模养殖场高度机械化和智能化成为可能。机械化和智能化保证了生产水平及效率不断提高，给我国养羊业的养殖模式带来了实质性的变革。鼓励规模养殖场在设计中要积极采用自动化、高效化、信息化和智能化生产模式。

第二节　经营管理

1. 怎样设计羊场的养殖规模?

养羊规模的大小与经济效益有密切的关系，养羊数量多，产品量大，出栏数多，劳动效率高，收益较大；羊数太少，产品量和出栏数都小，劳动效率低，收益少。如果条件尚不完善，技术跟不上，不应追求规模过大，否则饲养管理不善，羊群生长发育受阻，生产性能下降，患病和死亡的增多，反而得不偿失。养羊的适度规模，主要是“适度”二字，养羊数量的多少要根据从事养殖的劳动力、资金、草场、羊舍等条件以及市场销售等情况来确定。中国幅员辽阔，南北方、东西方的差别也很大。实践表明，在中国西南一些县市，专门从事羔羊育肥的专业大户养殖规模应控制在100~150只为宜，能繁母羊饲养的最小规模不宜低于20只，适度规模应为40~50只。随着科技发展，羊全价饲料的使用和群防群治的开展，一些大规模的专业养殖集团公司开始涌现。建议养殖者建立在土—草—畜—人系统的可持续发展基础上的，保持优质、高产、高效、低耗，确定理想养殖规模，追求最佳效益模式。

2. 羊场必须建立哪些经营管理制度?

近几年养羊产业正在发生着巨大的变化：羊肉生产方面品质不断

提高，正在向优质、高效、无公害方向发展；饲养方式逐渐摆脱传统的粗放模式，正在向规模化、集约化、工厂化的高效方式迈进；养羊产业的科技含量日渐提升，广大养殖户都重视科技养羊增效和收益。随之而来，大部分养羊环节中的管理问题都浮现出来，成为阻碍养羊业发展的主要因素。羊场的经营管理体系包括很多方面，除了饲养环节外还有粪污处理、防疫消毒、人员管理等。

（1）人员管理制度。

① 个人负责制。

a. 养殖场人员实行个人负责制，赋予权力的同时也承担责任。

b. 各岗位员工坚守岗位职责，做好本职工作，不得擅自离岗。

c. 做好每日考勤登记，不得作假或叫同事帮填写。

d. 分工与协作统一，在一个合作团队下，开展各自的工作。

② 场长岗位职责。

a. 熟悉科学养羊知识和羊场生产经营一般规律，具备企业管理能力和经历。

b. 负责羊场生产经营。组织制订并落实生产经营计划，组织制订并执行各种生产经营管理制度，组织并管理生产经营人员，安排并处理日常经营事务，保障生产经营目标实现。

c. 负责管理羊场资产，保障资产增值。

d. 负责筹措并管理羊场资金，保障资金高效合理使用。

e. 负责维护羊场生产经营环境，协调处理各种关系，保障羊场安全稳定运营。

f. 负责组织产品营销，不断开拓市场，保障产品市场份额持续稳定提高。

g. 注重企业经营理念、文化、品牌和员工队伍建设，注重产品研发，注重对外宣传，注重产学研结合，不断增强企业核心竞争力，保障企业可持续发展。

③ 监督员的职责。

a. 遵守有关法律和规定，诚实守信，忠实履行职责。

b. 负责养殖场生产、卫生防疫、药物、饲料等管理制度的建立和实施。

c. 负责对养殖用药品、饲料采购的审核以及对技术员开具的处方单进行审核。监管养殖场药物的使用，确保不使用禁用药，并严格遵守停药期。符合要求方可签字发药。

d. 应积极配合检验检疫人员和公司实施日常监管和抽样。

e. 如实填写各项记录，保证各项记录符合县级检验检疫机构的要求。

f. 监督员必须持证上岗。

g. 发现重大疫病要及时报告上级领导和检验检疫部门。

④ 技术员的职责。

a. 技术员负责疾病防治。

b. 依各个季节不同病害，根据本场实际情况采取主动积极的措施进行防护。

c. 技术员应根据疾病发生情况开出当日处方用药，监督员根据当日处方准备药品，交付当日班长，并按当日处方使用方法和剂量全程监督施药。

d. 技术员应每日观察疾病发生情况，对疾病应做到早预防、早发现、早治疗。对异常牲畜要进行检查，遇到无法确定的情况应及时汇报给上级领导。

e. 如发生重大疫病及重要事项时，应及时做好隔离措施并汇报上级领导。

⑤ 采购员管理制度。

a. 采购员采购药品、物品，必须有领导签字，采购单要上交1份到公司财务部门存档备案。

b. 合理科学管理备用金，不能拿备用金做其他用途使用。

c. 采购药品、物品及时入库，办好相关手续。

d. 制定采购员的差旅费报销标准。

（2）养殖场投入品管理制度。

① 饲料管理制度。

a. 饲料需购自国家批准生产的正规饲料厂。

b. 饲料中不得添加国家禁止使用的药物或添加剂。

c. 饲料进仓应由采购人员与仓库管理员当面交接，并填写入库单，仓管员还必须清点进仓饲料数量及质量。

d. 仓管员应保持有仓库的卫生。库内禁止放置任何药品和有害物质，饲料必须隔墙离地分品种存放。

e. 建立饲料进出仓库记录，详细记录每天进出仓库情况。

f. 饲料调配应由技术员根据实际情况配制和投量。

g. 调配间、搅拌机及用具应保持清洁，勤消毒，调配间禁止放置有害物品。

② 养殖用具管理制度。

a. 保持水槽、食槽、牲畜舍清洁，工具摆放有序。

b. 养殖场物品实行个人负责制，注意保管、保养，丢失按价赔偿。

③ 药物管理制度。

a. 建立完整的药品购进记录。记录内容包括药品的品名、剂量、规格、有效期、生产厂商、供货单位、购进数量、购货日期。

b. 药品仓库专仓专用、专人专管。在仓库内不得堆放其他杂物，特别是易燃易爆物品。药品按剂量或用途及储存要求分类存放，陈列药品的货柜或厨子应保持清洁和干燥。非相关人员不得进入。

c. 药品出库应开《药品领用记录》，详细填写品种、剂型、规格、数量、使用日期、使用人员、何处使用，需在技术员指导下使用，并做好记录，严格遵守停药期。

d. 用药实行处方管理制度，处方内容包括用药名称、剂量、使用方法、使用频率、用药目的，处方需经过监督员签字审核，确保不使用禁用药和不明成分的药物，领药者凭用药处方领药使用。

（3）羊场标准化粪污处理制度。

如何科学合理处理粪污是羊场管理的第一要素。

① 沼气池发酵。利用沼气池的密闭环境进行微生物厌氧发酵制取沼气，是羊场废弃物处理最有价值的方法：一是进行废物的再次利用，产生余能，用作烧水做饭，减少额外能源消耗，降低成本；二是通过沼气池内微生物活动产生的高温环境杀灭废弃物中的病原微生物、寄生虫卵，沼液、沼渣成为优质腐质肥。羊场可根据自身产生废弃物的多少确定沼气池的大小和数量，有条件的可采用循环粪泵使粪

液通过热交换器被加热，提高粪液温度，达到高温发酵，提高发酵效率，加大产气量，同时提高废弃物的处理能力。

② 堆肥。利用腐熟堆肥法进行处理。此法主要针对固态废弃物，控制物料中的水分、酸碱度、氧气浓度、温度等条件，利用好气微生物发酵，使之能分解家畜粪便、垫草中的各种有机物，达到矿质化和腐质化的过程。此法可释放出速效养分并造成高温环境，能杀死物料中的病原菌、寄生虫卵，腐熟后的肥料施用量大幅度提高，我国北方农村大多采用此法。

③ 污水的处理。规模大、排污水多的羊场，除自然沉淀、混凝沉淀、沙滤方法外，还需采用人工湿地法进行净化。人工湿地由不同粒径的碎石构成数级碎石床，在碎石床上栽种耐高浓度有机污水的水生植物，通过碎石床的过滤作用、水生植物对水中有机物的利用及碎石床上生物膜微生物对水中有机物的分解利用，使污水得到净化。

④ 化粪池处理。粪液进入化粪池后，逐渐沉降分离成固、液两层，上层为澄清的液体，下层为固体粪便。上层液体在好氧性微生物的分解下被净化，下层固体粪便被厌氧性微生物分解成腐熟的肥料。用化粪池处理废弃物设备简单，运行费用低，但处理时间长，效率低，还会散发大量的臭气，污染周围环境。

⑤ 羊舍清粪。

羊舍要做好每日清理粪便的工作，早晚 1 次，进行人工清粪工作，条件好的可以使用更为先进的自动刮粪系统进行清粪，如设计规范的则也可以使用水冲粪的方式，粪便要进行规范堆积，然后及时采用以上不同条件的方式进行处理，或是进入沼气池，或是进入化粪池，或是卖出供施肥使用。

⑥ 其他。

除粪便外，羊场的常用垃圾要进行消毒处理，使用后残留的药品、手术工具，或是掩埋或是消毒后分解处理，不能随意丢弃，造成环境污染。经无害化处理后的粪便应符合《粪便无害化卫生标准》的规定，废渣应符合《畜禽养殖业污染物排放标准》的有关规定。

（4）羊场标准化防疫消毒制度。

为了防止人员传播疾病，羊场所有入口都应加锁并设有“不准入内”与“防疫重地”字样；所有进出场区人员必须遵守消毒规程。

① 卫生防疫。

a. 生产管理区、生产区和每栋舍入口处设消毒池（盆），消毒池与门同宽，长至少是车轮的一周半；生活区、生产管理区应分别配备消毒设施（喷雾器等）。

b. 每栋羊舍的设备、物品固定使用，羊只不许串舍，出场后不得返回，应入隔离饲养舍；禁止在生产区内解剖羊，解剖后的羊和病死羊焚烧处理，羊只出场出具检疫证明和健康卡、消毒证明；禁用强毒疫苗，制定科学的免疫程序。

c. 粪便、污水、污物无害化处理，环境卫生质量达到国家 NY/T 7388—1999 规定的标准；夏季及时灭蚊、蝇，经常进行羊舍消毒，同时场区绿化率（草坪）达到 40%以上，场区内分净道、污道，互不交叉，净道用于进羊及运送饲料、用具、用品，污道用于运送粪便、废弃物、死淘羊。

② 疫病控制与扑灭。

生产过程中出现疑似病情，驻场兽医须通知当地畜牧兽医管理部门和当地检验检疫部门，并接受官方监督。

a. 总的原则。

一类传染病、新病：报告疫情→封锁→扑杀→无害化处理→消毒→经一个消毒潜伏期→终末消毒→解除封锁。

其他传染病：报告疫情→封锁→免疫→治疗→消毒→无害化处理→经一个潜伏期→解除封锁。

b. 具体程序。a）对疑似疫情，要及时上报，采取措施。立即采集所有必要的样品并送至畜牧部门和检疫部门认可的实验室中进行诊断；记录饲养场内各羊舍内发病和死亡的只数，保留记录以备官方人员的每次检查；应尽量将羊群隔离于饲养舍内；不得向饲养场调入或调出羊只；所有出入该饲养场的人员、车辆和物品等需官方兽医和驻场兽医确认后方可流动；必须采用适当的消毒方法对羊舍的入口和羊舍进行消毒，按照流行病学的要求调查传染来源和其可能流行的情况；按照要求必须在官方的监督下对有可能被污染的设施进行调查。b）某一羊群一旦经官方确认存在烈性传染病时，除了采取第 a）点要求的措施外，还应立即进行下列措施：该场中所有的羊只立即就地扑杀、焚烧，所有操作过程应尽可能减少疾病传播；所有已污染的物质或废料应销毁或经适当的方法处理以杀死其中的病毒；追回并销毁在潜伏期内出栏的羊只；当宰杀和销毁完成后，所有房屋、羊舍都应进行彻底打扫和消毒；消毒后至少在 1 个月内该饲养场不得饲养羊群。上述措施只限用于有疫情的羊舍。一旦确认疫病暴发时，积极配合当地畜牧局等有关部门一起在其周围建立半径至少为 3km 的保护区和半径至少 10km 的监测区。感染的羊舍经消毒后至少 1 个月内对这些区域进行监测，并控制羊只的移动。当地畜牧主管部门对羊场经过必要的调查和取样并确认不存在这种疫病后，方可取消这些措施。

③ 消毒规程。

a. 进出场消毒规程。由门卫具体实施，技术员、场长监督。场内工作人员备有从里到外至少两套工作服装，一套在场内工作时用，另一套场外用。进场时，将场外穿的衣物、鞋袜全部在外更衣室脱掉，放入各自衣柜锁好，穿上场内服装、水鞋，经由 3%火碱液的消毒池。要求火碱液深 15cm，每天 7:00 更换 1 次。倘若工作人员外出应遵照下列程序：向场长申请，场长批准后，穿水鞋经 3%火碱液的消毒池进入更衣间，换上场外服装，经门卫严格检查后可外出。

b. 车辆物资进出规定。送料车或经场长批准的特殊车辆可进出场；由门卫对整车用 1∶500 好利安（过氧乙酸+ 过氧化氢+ 表面活性剂+ 稳定剂）或 1∶500 菌毒杀（双链季铵盐化合物），进行全方位冲刷喷雾消毒；经盛 3%火碱液的消毒池入场，消毒液每天更换 2 次，7:00 和 13:00，水深 20cm 以上；驾驶员不得离开驾驶室，若必须离开，则穿上工作服进入，进入后不得脱下工作服。

c. 办公区、生活区。每天早上进行 1 次喷雾消毒。

d. 空羊舍消毒规程。由技术员具体实施，场长监督。育肥羊运出后先用 1∶500 菌毒杀对羊舍消毒，再清除羊粪。运输羊粪要密封，彻底清理清扫舍内外羊粪，远离羊舍 300m 发酵处理。3%火碱水喷洒舍内地面，1∶500 的过氧乙酸喷洒墙壁。打扫完羊舍后，用 1∶500 过氧乙酸或 1∶500 好利安交替多次消毒，每次间隔 1d。

e. 舍外消毒规程。每天 7:00 对大门口、生活区、办公区用好利安消毒1次。大门口消毒池每天7:00、13:00各换1次3%火碱液。每周进行1次场区消毒，于天气凉快时进行，如早上或傍晚（冬季除外），用3%火碱液喷洒，以打湿地面为准。注意不要喷到怕腐蚀的器具上。进场人员、车辆必须消毒。

④ 免疫机制建立。

建立疫病控制体系，定期检测，科学免疫。免疫程序不等同于防疫程序，应是综合防制，包括消毒、隔离、用药、疫苗等，必须建立所有与生产有关的各项操作规程及其相对应制度。免疫操作注意事项：免疫时间定为上午进行；羊只发病时不宜注射疫苗。

a. 加强免疫。有些疫苗在首次免疫之后2~3周需要第2次免疫接种。2次免疫之后动物将获得坚强免疫力。

b. 羔羊的被动免疫和免疫接种。产羔前6~8周和2~4周给母羊进行2次破伤风类毒素、羊梭菌三联四防灭活苗及大肠杆菌灭活苗注射。这样羔羊便可从母羊初乳中获得充分的被动免疫。在易患羔羊痢疾的羊场还应给初生羔羊皮下注射0.1%亚硒酸钠、维生素E注射液1mL，效果会更好。特别注意要让羔羊吃到足够的初乳。羔羊从母羊初乳获得的保护性抗体可维持10周时间，因此10周龄以前不宜接种相应的疫苗，否则由于抗原抗体反应使羔羊得不到免疫。

c. 疫病暴发期的免疫接种。疫病暴发时给动物接种疫苗不能防止疫病传播，因为动物获得免疫力需要2~3周时间。如果注射疫苗，怕激发更多的羊只发病，不注射疫苗又怕不断有羊只发病，甚至死亡。遇到此类问题，可根据实际情况处理。如果是可用药物治疗的疫病，可对全群先用药物进行治疗性预防。1周后进行全群免疫接种，或者立即进行全群免疫接种，对发病者进行治疗。这样做可大大缩短疫病的流行时间，减少损失。如疫病尚无有效治疗药物，不妨立即进行免疫接种，对发病者进行对症治疗，加强护理，缩短病程，减少损失。

d. 怀孕期弱毒疫苗的使用问题。避免在怀孕初期的1个月内注射弱毒疫苗，否则有可能引起流产和胎儿畸形。

e. 免疫失败。免疫失败的主要原因是没有按疫苗使用说明书保存和使用疫苗或羊只体质太差不能产生足够的免疫力。

3. 羊场生产经营计划有哪些内容？

生产经营计划是羊场行使组织、指挥、监督、控制等管理职能的依据，是羊场在经营思想和经营方针指导下，根据市场预测、经营决策以及国家的远景规划，对羊场一段时期内生产经营活动做出的统筹安排。根据羊场业务的种类，结合生产资源的质和量，研究羊场的收支资料及其他生产记录，先设计多个方案，然后进行比较，选择其中最有益的生产计划来经营羊场。

（1）长远规划。是确定企业未来发展方向和奋斗目标的战略计划，通过年度计划的安排逐步实现，其主要内容包括下列几个方面：企业产品的发展方向；企业生产的发展规模；企业技术发展水平，技术改造方向；企业技术经济指标将要达到的水平；企业组织、管理水平的提高和安全环保等生产条件的改造；职工教育培训及文化设施建设；职工生活福利设施的改造和提高。

（2）年度生产经营计划。是企业全体职工在计划年度内的行动纲领，又是安排季度、月计划的重要依据。因此，企业各个生产环节和各个方面的生产经营活动，都必须严格按计划执行。计划的制定采取统一领导、分工负责、综合平衡的方法进行编制，计划管理负责人拟定编制计划的总进度，组织综合平衡于年前一个月上报下达工作。

（3）编制依据。第一，调查羊场资产（包括草地、土地的生产能力）和载畜量大小；羊群结构、数量、生产能力；资本、流动资金的多少；羊舍、仓库等建筑物可容纳的最大数量；设备、人力等可发挥的能力。第二，分析现有羊场组织，包括分析现有生产业务种类及其之间的互补、互助、互相矛盾情况如何；各种生产因素的配合运用是否已达到最经济。第三，找出目前羊场存在的问题及解决方法。第四，充分考虑羊的种类、数量与饲草饲料资源和供应能力的配合，产品产量及其价格与各种费用的合理估算、盈亏情况。

4. 影响规模化养羊效益的因素有哪些？

养羊业能否快速发展，由市场因素、品种因素、技术因素 3 个要素决定，只有这 3 个要素都处于最佳状态，并相互作用才能使规模化养羊成为畜牧业结构调整中的一个重要而可行的项目，使养羊业快速发展成为现实。

（1）市场因素。近年，羊肉产品消费量逐年增加，由于羊繁殖率低、生长速度慢，羊肉产品的增长速度不能满足人们对羊肉产品日益增长的需求，短期内不会大幅滑落，羊肉市场价格居高。因此，激励更多的人进入养羊业，目前已具备了养羊业快速发展的市场潜力。但也不能盲目跟风或扩大养殖规模，应充分做好肉羊市场调查和分析，以防羊市过热，羊价下跌或卖羊难的现象出现。

目前我国肉羊养殖成本高，土地、饲料、人工费的增加无形中都给养殖企业带来了压力。目前我国羊的养殖方式较为粗放和原始，生产效率不高，生产与市场联系不紧密，加工和销售分离，产品仍以活体销售和初加工为主。羊肉精深加工力度不够，附加值不高，副产品也没有得到很好的开发和利用，影响了养殖效益的整体提升。且很多养殖户受教育水平普遍低下，对羊产业信息把握不完善，分析市场需求与价格预测能力较差。羊肉价格一旦下降，便会引起恐慌，不能长远打算，大量出栏肉羊，也会影响价格和养殖效益。

（2）品种因素。包括羊品种和牧草品种。引进和推广高产羊良种和杂交品种，是发展羊规模化养殖的必由之路。

（3）技术因素。采取一系列科学的饲养管理技术、疫病防治技术、繁殖及人工授精技术等诸多项配套技术，增加养殖的科技含量，可提高养殖效益。要推进供给侧结构性改革，加快发展标准化规模养殖，促进产业转型升级，提质增效，提高核心竞争力。要利用好现有土地政策，促进肉羊生产上规模、上水平、增效益，大力发展机械化，减少劳动力成本。要加快牧区养羊业转型升级，加强草原基础设施建设，提升草原生产能力，推行舍饲或半舍饲，提高生产效率，建设现代草原畜牧业。要实施南方现代草地畜牧业推进行动，加快天然草地改良，大力开展牧草和肉羊良种繁育，努力打造南方新的肉羊产业带。完善企业与农户的利益联结机制，通过订单生产、合同养殖、品牌运营以及统一销售等方式延伸产业链条，实现生产与市场的有效对接，推进全产业链发展，提高养殖效益。

5. 如何计算规模化养羊效益?

规模化养羊的经济要素主要有资产、成本、收入和利润等。

(1) 资产。

资产是养羊的单位或个人拥有或者控制的能以货币计量的经济资源,包括各种资产、债权和其他权利,是养羊的单位或个人从事生产经营活动的物质基础,是养羊生产所筹集的资金,以各种具体形态分布或占用在生产经营过程的不同方面。按其流动性(即变现能力)通常分为流动资产、固定资产等。

① 流动资产。流动资产是指可以在一年或超过一年的一个营业周期内变现或耗用的资产,包括现金、各种存款、应收及预付款项和存货等,它的特点是只参加一次生产过程就被消耗,在生产过程中完全改变了它原来的物质形态,一般的是把全部价值转入新的产品成本中去。

② 固定资产。固定资产是指使用年限在一年以上,单位价值在规定标准以上,并在使用过程中保持原来物质形态的资产,包括羊舍、机械设备、繁殖用羊、使用的土地等。它的特点是使用年限较长,以其完整的实物形态多次参加生产过程,在生产过程中保持其固有的物质形态。随着其本身的磨损,其价值逐渐转移到新的产品中去。

养羊业中固定资产长时间地参与生产劳动,且不改变其实物形态,但是,随着时间的推移,会不断发生消耗,功能随之减退,其使用寿命有限。因此,必须在使用中将购建固定资产的支出,以折旧费的形式,逐步合理地计入到产品成本费用中去。此外,为了使固定资产经常处于良好的状态,维护其原有效能,保持其生产能力,必须有计划地及时对其进行检查维修,检查维修的费也应合理地计入到产品成本费用中去。

(2) 成本。

成本和费用是养羊业经济效益分析的中心内容。成本核算是把养羊生产过程中所发生的各种费用,按不同的产品对象和规定的方法归集和分配,以确定产品的总成本和单位成本。养羊业中的主要成本项目有以下几种。

① 工资和福利费。是指直接从事养羊生产的饲养人员（如饲养员、放牧员）的工资和福利。

② 饲料费。指养羊的过程中，直接用于羊群的自产和外购的各种精料、粗饲料、矿物质饲料、添加剂等的费用。养羊业中，饲料生产分为人工栽培和天然草场收获两种，应分别计算。人工栽培的牧草有一年生和多年生，计算方式也不一样。如果牧草套种或混播在其他作物中，也应分别计算。天然草场所收获的牧草，其成本由收割、干燥、运输以及草场承包费等费用组成。如果设有灌溉工程，则应将改良工程费用分期摊入牧草的成本之中。如果将人工栽培的草地或经过改良的天然草地辟为牧场，必须计算其牧草的耗用量和摊派该草地应负担的生产费用。

③ 防疫治疗费。指羊群防疫和治疗疾病所投入的费用。

④ 种羊分摊。指购买种羊所投入的摊销费。

⑤ 固定资产折旧费。指养羊应计入的羊舍折旧费和养羊机械折旧费等。

⑥ 固定资产修理费。指上述固定资产所发生的一切维修、保养费等。

⑦ 其他费用。不能直接列入以上各项的直接费用。

以上各项成本之总和，就是养羊的总成本。

（3）收入。

收入是指养羊者销售羊产品（如种羊、肉羊、皮、肉、羊粪、冷冻精液、配种等）所取得的销售收入及其他业务收入。

养羊单位或个人自产留用产品，应视同销售所得收入。自产留用产品包括饲料、羔羊等。

其他业务收入，包括技术服务等无形自产转让、固定资产出租等取得的收入。

（4）利润。

利润是考核养羊单位或个人经营成果的重要指标，用收入与成本之差来表示。

6. 如何提高规模化养羊效益?

(1) 充分利用科学技术，降低饲养成本。

通过成本项目和成本计算可以看出，影响养羊业成本高低的因素是多方面的，有养羊者内部的因素，也有外部的要素。就内部要素来说，一是羊产品的质量，二是各项费用。因此，降低饲养成本的主要途径，一是保证质量的前提下提高产出水平，二是尽可能节约开支，减少不必要的浪费，力争以较少的投入取得较多的产出。降低饲养成本主要有以下几个途径。

① 科学养羊，合理使用各种资源。用于养羊的资源包括劳动力等人力资源和羊舍、种羊、机械等物力资源，让资源合理配置，提高劳动力的工作效率，克服人浮于事的窝工浪费现象，降低单位产品中劳动报酬的支出；掌握羊的生物学习性，科学配种和饲养；合理利用各种原材料，降低单位产品中分摊的折旧费。

② 合理利用饲料，降低饲料费用。有很多的养羊户不注重饲料和营养是否全面，家里有什么就喂什么或光靠放牧不补饲，羊营养不够。放牧和补饲必须结合起来，要充分利用家里的麦秆等制成秸秆微贮饲料或氨化饲料，提高饲料的利用。在夏秋季饲草丰盛时可以不补饲，延长放牧时间，尽量让羊吃饱，冬春时则以补饲为主，粗饲料和精饲料的比例要合适，应当提倡科学配制饲料，适量饲喂精料。

③ 注重疾病防疫，减少医疗费用。注重羊疫病防治结合、预防为主的原则。羊场门口要设消毒池，严禁非饲养人员进入羊舍、场地。制定科学合理的山羊防疫计划表，并按照计划免疫和驱虫；消灭老鼠、蚊、蝇，防止传染病及寄生虫发生。要从非疫区购羊，并隔离观察 5d 以上，确定健康后方可并群，发生传染性疾病要及时进行处理，并上报主管部门。羊舍内应保持干燥、通风、安静、清洁卫生、温度适宜。污水要进行处理，防止环境污染。羊场周围要进行环境绿化。注意出生羔羊及时吃上初乳，并加强培育；羊只在饲草短缺季节进行补饲。

(2) 把握市场规律，增加养羊收入。

① 以市场为导向合理安排生产计划。羊肉价格一般在 4—7 月份

较低，羊价格也随之降低，此时收购羊进行育肥，在10月至次年2月份屠宰出售，此时羊肉价格较高，与最低时的羊肉价格之差在5~8元，甚至更高，养羊户也有较好的经济效益。为此，要对羊肉、羊皮市场进行预测，安排育肥羊生产规模及计划，把握市场规律来提高养羊的经济效益。

② 养羊的规模应适宜，羊群的结构要合理。养羊规模的大小，应根据农牧民家庭的综合条件，包括家庭经济状况，现有劳动力多少以及耕地、草地、饲草饲料数量等情况来决定，一般每个劳力饲养羊20~30只，但在家庭综合条件较好时尽可能多养羊，可使养羊生产获得更大的经济效益。

羊群的结构合理是养羊业取得最大利润的保证，这对长期从事养羊业的养羊户极为重要。羊群结构比例适宜，有利于提高羊群周转速度，有利于提高养羊生产的经济效益，如果是秋天育肥，次年春夏出售育肥羊，在收购时应注意要收购体格健壮的羯羊，不要收购瘦、弱、老、病及怀孕的母羊，这样才能在育肥中发挥个体优势，创造更大的经济效益。

③ 搞好羊产品的加工，提高附加值。经验表明，对羊产品进行初加工和深加工，可以提高养羊的附加值，相应大幅度提高了养羊业的经济效益。有条件的地方或企业可以开发一系列羊产品，从对肉的分割包装到羊皮、肠衣的加工，再到羊胎盘的处理，有粗及精，可以使养羊的效益指数增长。

参考文献

杜桂兰，张桂花，时健鹏 . 2009. 防止妊娠母羊流产的措施［J］. 山东畜牧兽医，30（8）. 74-75.
高红霞 . 2012. 肉羊的饲料种类及加工调制技术［J］. 中国畜牧兽医文摘，28（10）：201.
高雯雯 . 2014. 羊选种的方法与评分等级［J］. 养殖技术顾问，（4）：47-47.
郭立宏 . 2017. 母羊的发情鉴定及发情处理方法［J］. 现代畜牧科技，（6）：65-65.
国家畜禽遗传资源委员会组编 . 2011. 中国畜禽遗传资源志 . 羊志［M］. 北京：中国农业出版社 .
黄勇富 . 2004. 南方肉用山羊养殖新技术［M］. 西南师范大学出版社 .
姜勋平，等 . 2010. 高效养羊关键技术精解［M］. 北京：化学工业出版社 .
李百川 . 2008. 青绿饲料喂山羊有讲究［J］. 农村养殖技术，（14）：30.
李建国 . 2001. 畜牧学概论（第二版）［M］. 北京：中国农业出版社 .
李晓锋 . 2010. 南方种草养羊实用技术［M］. 北京：金盾出版社 .
刘喜生，任有蛇，岳文斌 . 2009. 发展生态养羊势在必行［J］. 现代畜牧兽医，（12）：10-11.
路士庆，刘仁生 . 2013. 提高羊群繁殖力的措施［J］. 畜牧兽医科技信息，（10）：60.
毛怀志，岳文斌，冯旭芳，等 . 2006. 绵、山羊品种资源及利用大全［M］. 北京：中国农业出版社 .
努·胡布斯哈力，巴·其其克，解立松 . 2014. 母羊难产的处理与助产要点［J］. 湖北畜牧兽医，（11），61-62.
权凯，黄炎坤，张长兴 . 2005. 影响羊人工授精受胎率的因素探讨［J］. 河南畜牧兽医，25（3）：15-16.
宋传升等 . 2015. 高效养肉羊［M］. 北京：机械工业出版社 .

宋林，江喜春 . 2011. 羊的同期发情技术［J］. 黑龙江动物繁殖，19（3）：6-8.

宋先忱，刘兴伟，韩迪 . 2006. 辽宁绒山羊母羊发情鉴定方法［J］. 现代畜牧兽医，（3）：19-21.

王忻，刘月琴，张英杰，等 . 2009. 光照控制诱导非繁殖季节蒙古羊发情排卵效果研究［J］. 中国畜牧杂志，（7）：55-57.

王跃先 . 2008. 如何提高羊群繁殖力的技术［A］. 河南省畜牧兽医学会 . 河南省畜牧兽医学会第七届理事会第二次会议暨 2008 年学术研讨会论文集［C］. 河南省畜牧兽医学会，3.

王自力，赵永聚 . 2015. 山羊高效养殖与疾病防治［M］. 北京：机械工业出版社 .

王自力，王豪举主编 . 2018. 羊病综合防治大全［M］. 北京：机械工业出版社 .

肖西山 . 2008. 养羊关键技术［M］. 北京：中国农业出版社 .

熊朝瑞 . 2003. 良种肉用山羊养殖技术［M］. 北京：金盾出版社 .

熊朝瑞 . 2011. 新版养羊问答［M］. 成都：四川科学技术出版社 .

杨利国 . 2010. 动物繁殖学（第二版）［M］. 北京：中国农业出版社 .

岳文斌，任有蛇，赵祥等 . 2010. 生态养羊技术大全［M］. 北京：中国农业出版社 .

岳文斌 . 2008. 羊场畜牧师手册［M］. 北京：金盾出版社 .

张春香 . 2012. 绵羊生产配套技术手册［M］. 北京：中国农业出版社 .

张英杰 . 2013. 规模化生态养羊技术［M］. 北京：中国农业大学出版社 .

张英杰 . 2010. 羊生产学［M］. 北京：中国农业大学出版社 .

赵有璋 . 2013. 中国养羊学［M］. 北京：中国农业出版社 .

赵中权，赵永聚，王高富 . 2016. 波尔山羊高效饲养技术［M］. 北京：化学工业出版社 .

郑秋玲 . 2013. 山羊妊娠和妊娠期的管理技术［J］. 福建畜牧兽医，35（1）：32-33.

《中国羊品种志》编写组 . 1989. 中国羊品种志［M］. 上海：科学技术出版社：29-58.

Galal S. 2005. Biodiversity in goats［J］. Small Ruminant Research，60（1-2）：75-81.

Peters R R. 1997. Effects of a long daily photoperiod on milk yield and circulating concentrations of of insulin-like growth factor-1［J］. Journal of Dairy Scienq，80（11）：2 784-2 789.